改变，从心开始

立 品 图 书 · 自觉 · 觉他
www.tobebooks.net
出 品

当生命陷落时

与逆境共处的智慧

[美] 佩玛·丘卓　著
胡因梦　廖世德　译

深圳报业集团出版社
SHENZHEN PRESS GROUP PUBLISHING HOUSE

责任编辑：陈曦
装帧设计：亿点印象

图书在版编目（CIP）数据

当生命陷落时 /（美）丘卓著；胡因梦，廖世德译．
-- 深圳：深圳报业集团出版社，2013.3
ISBN 978-7-80709-512-5

Ⅰ．①当… Ⅱ．①丘… ②胡… ③廖… Ⅲ．①人生哲学－通俗读物 Ⅳ．① B821-49

中国版本图书馆 CIP 数据核字（2013）第 051956 号

当生命陷落时

DANG SHENGMING XIANLUO SHI

［美］佩玛·丘卓 著
胡因梦　廖世德 译

深圳报业集团出版社出版发行
（518009　深圳市深南大道 6008 号）
三河市华晨印务有限公司印制　新华书店经销
2013 年 3 月第 1 版　2013 年 3 月第 1 次印刷
开本：787mm × 1092mm　1/16
印张：12.25　字数：110 千字
ISBN 978-7-80709-512-5　定价：28.00 元

感谢辞

衷心感谢琳恩·范德·邦特（Lynne Van de Bunte）。她不但保留了本书这些谈话的录音，还找了下列诸君来誊稿：海迪·乌茨（Heidi Utz）、雷克斯·沃什伯恩（Rex Washburn）、金尼·戴维斯（Ginny Davies）、艾琳和比尔·费尔（Eileen and Bill Fell）。艾琳和比尔·菲尔将全文输入了电脑。我非常感谢他们。我也很感谢琳恩将那么久以前的录音带誊写出来，除了她之外，没有人听得出来里面讲些什么。最后，特别感谢我的朋友兼编辑埃米莉·希尔伯恩·塞尔（Emily Hilburn Sell）。她接下一箱没有编目的录音稿，却把它们变成了这本书。没有她的才能、勤奋、专注，我出不了什么书。能够和她共事，我觉得非常幸运。

佩玛·丘卓

目录

推荐序　点燃生活的明灯

台湾政治大学教育学系教授、作家
郑石岩

这是一本很具启发性的书，能为你解开心中的无明，除去烦恼的障碍，从而发展正确的生活态度，让生活过得透脱自在。

生命是一个艰辛的历程，它既须具备活下去的能耐，又需要清明的智慧。尤其生活在现代社会，缺乏知识技能，不能抱持积极坚毅，当然无从发展生涯，缔造幸福的人生。不过，人并非仅靠聪明和坚毅就能活得好，因为这个自由开放的社会，有太多的诱惑、冲突和纠葛，缺乏看清楚的智慧，就容易失衡和迷失。

什么是生活的智慧呢？简单地说，就是凡事看清楚，面对真实去生活，不被虚假所困。看清本末，知道回归生活，珍惜生命，而不纵欲、追逐和占有，这就是智慧。这本书能帮助读者开启“法眼”，看清生活与生命的真实，活在“如来”之中。

多年来我从事助人的工作，发现痛苦的根源，是生活偏离真实所致。生活本来是现成的，每个人注定要依自己手中所握的资材，来实现其生活；随自己的根性因缘，走他的人生路。每一个人都是唯一的、独特的，都值得肯定。但大部分的人，不愿意接纳自己、实现珍贵的自己，反而要把自己变成别人的样子，抄袭别人的生活和人生。放弃了自己，荒芜、背叛自己的生活，这样怎么可能活得愉快呢？

现代人的欲望受到过分的刺激，汲汲于争夺和占有，发展出如饥似渴的追求态度，疲于奔命，而使生活变得枯燥、令人厌倦和沮丧。生活失真是现代人苦难的根源，忧郁、空虚和颓废正是现代人的心病。

我们往往抱着既有的成见来看待生活，用虚妄不实的野心忖度世事。错误与偏见蒙住了双眼，于是看错了人生的方向，陷入生活的僵局，喜乐和幸福渐渐被痛苦吞噬。

我们对生活看得越清楚，就越能作正确回应和调适，从而获得幸福。反之，越是无法认清生活的本质，则越容易错误和迷失，而无法选择正确的行动。

许多人惧怕面对现实，找了许多理由来曲解现实，为的是逃避它的挑战。结果，不但造成疏离与挫败，心智成长的机会也断送了。我相信心灵的不幸，就肇端于此。人们最常犯的错误是：

将成见或主观的想法，一厢情愿地奉为圭臬；

曲解现实，然后依错误的解释来看待生活。

推荐序　点燃生活的明灯

人若不能觉察生活中失真的问题，就会偏离正轨，失去幸福和快乐。

明智的生活态度，是看清真实，避免成见与曲解。这不但能提升生活质量与工作效率，累积成功和生活经验，同时能开展宽阔的人生视野，看到生活的喜悦和希望。

面对真实的生活就是觉者。

这本书能打开你的慧眼，让生活更踏实、喜乐。它是西藏金刚乘比丘尼佩玛·丘卓对弟子的开示记录。全书共二十二篇，看起来是一篇篇独立的开示，实际上是一盏盏精神生活的明灯，能照亮你心中的晦暗，打开无名的心结，相信你会从中寻获亮丽的生命珠宝。

译者序　无惧的智慧传承

胡因梦

十余年来我在真实生活里一直扮演着"向西方取经"的角色，并试图从众多现代智者的著作中，为中文读者拣选出传达终极真理的教诲。大部分的时间我都待在自家的藏经阁里，使出水磨功夫，完成了克里希那穆提及肯·威尔伯这两位证悟贤者近十本英文原著的中译本。另外一位对西方世界影响深远的藏密法师——创巴仁波切——也是我想引介给中文读者的精神导师之一，只可惜虽然有缘译出他最受欢迎的著作《突破修道上的唯物》，却无缘付梓出版。后来此书由缪树廉先生完成，台湾众生出版社发行。

四年前我移民加拿大温哥华。维多利亚大学附近有一家著名的形而上学书店，店内人文气息浓厚，有别于其他几家商业化的新时代书局。有一天我到这家书店找书，浏览着书架上新问市的几本佛学著作，正思忖着该从哪本书下手，一名加拿大女子从我身边走过，很友善地建议我务必阅读一下眼前的那本《当生命陷落时》。于是我站在书架前开始翻阅这位稀有的美籍比丘尼的畅销书。

看完封底作者简介，才知道佩玛·丘卓原来是创巴仁波切最优秀的大弟子之一。书中内文一开始的第二章便以坦诚而自在的叙述方式，剖露了作者得知丈夫有外遇时的真实心境，她说："我还记得那时我感觉天空非常宽阔，屋边河水潺潺，茶杯里冒着热气；时间静止了下来，我脑中一片空白，里面什么都没有——只有光和无边的寂静。接着我回过神来，捡起一块石头，向他砸了过去。"

"捡起石头砸向变心的丈夫"这个意象，带给我一股原始而有力的震撼感，我很想知道这位气概激昂的女性一旦踏上道途会有什么结果？她到底想引领读者进入什么样的体悟？而她与她的精神传承结缘又是什么样的前因后果？

佩玛·丘卓本名Deirdre Blomfield-Brown，1936年出生于纽约市，在康涅狄格州完成中学教育之后，进入加州大学柏克莱分校深造。毕业后她分别在加州与新墨西哥州担任过多年小学老师的教职。她出家前人生阅历颇为丰富——结过婚，育有二子，后来因先生外遇而离异，三十五岁左右在阿尔卑斯山巧遇Chime喇嘛，并追随这位仁波切潜修多年。1972年佩玛在Chime喇嘛的鼓励之下，与她的根本上师创巴仁波切初次相会，从此坚守三昧耶誓，与上师展开了长达十四年的师徒共修情谊，本书第二十章对个中的心境转折有十分动人的描述。

1981 年，佩玛·丘卓在十六世大宝法王亲自主持的显宗圆顶仪式中成为正式的尼师，并出任科罗拉多博多市“行动堡垒”静坐中心主任。1984 年，创巴仁波切在加拿大东岸新斯科夏省远离尘烟的一座小岛上，建立了气质素朴的甘波修道院，并指派佩玛·丘卓为首任院长，这是北美第一所为西方人建立的藏密修行寺院。

佩玛·丘卓承继了无惧的智慧传承，她的五本著作使她成为西方世界少数受人尊崇的女性佛教导师，《当生命陷落时》是其中最受读者喜爱的一本演讲集。佩玛凭着女性特有的细腻体察，以信手拈来、才华横溢的弘法风格，将藏密大手印直下觑透的立断智慧，融合西方心理学对内心现象的诠释技法，帮助现代人在日常生活中以精进、慈悲而又充满幽默的无求之智，勇敢面对生命陷落时的悲苦与困窘。

本书在第一章即点明精神旅程首先必须面对“普世性的恐惧”。恐惧乃是生物的自保本能，我们内心的反应——包括起心动念、情绪和各种身心的觉受——之中，处处可见恐惧的踪迹。大部分人所提供的解决之道，几乎都是一些不直接面对恐惧的安慰及纾解方法，然而佩玛本着大手印的传承精神，提醒读者“勇者并非无惧”，而只是愿意亲近恐惧、揭露恐惧、探索恐惧，也就是能静观事物的崩解而丝毫不逃避当下。佩玛指出“安住在原处不动，钉牢在原来的时空点上”，这份内心的实修体悟，就是正念或藏密所强调的“处理能量”要达到的目标。她所指出的解脱之道，基本上和禅宗的直下觑透或克氏所说的如实观察是旨趣相通的。

克里希那穆提曾经说过，只要清楚地看见自己的真相，问题当下就能解决。佩玛在本书第三章提出了有别于克氏的观点，她发现心中的烦恼并不会因为如实见到而当下解决，“我们会有很长一段时间只是看得很清楚罢了”，那些沉溺和压抑的内心反应照旧会产生，“但是因为我们愿意认清自己的沉溺和压抑，沉溺和压抑自然会慢慢耗尽”，并因而产生比较开阔和宽大的心胸。在这一点上我个人的体会较偏向佩玛的观点，不过必须强调的是，通过自知之明所发展出来的开阔和宽大，与世俗社会公关应酬式的圆熟是截然不同的心理状态。

数息、随息、观息一向是佛教常用的止念法门，然而主张“全观”的老师——譬如创巴仁波切、克氏、肯·威尔伯——都认为此法只能用在前行阶段，因为容易缩小觉察的范围。佩玛在第四章介绍了创巴仁波切所教导的止观双运法门——将大约四分之一的注意力微微地放在呼出的气息上，其余的觉察力则放在觉察周遭事物上；如果有妄念生起，就在心中称其为“念”，然后轻松地回来觉察呼出的气息。创巴仁波切多年来不断地改良禅定方法，克氏则早就提出不当运用机械化的持咒法门，很可能会造成脑部退化，修行者对各种方法的使用不可不谨慎。

在第五、六、七章中，佩玛重新诠释了慈悲、自制和弃世这类早已沦为老生常谈的传统佛教理念。“慈悲”以往总被视为一种善待其他众生的理想态度，佩玛却认为慈悲乃是了解自己、认识自己的惯性模式，不再戴上人格面具，不再自欺，不需要奋力挣脱痛苦，也不需要变成更好的人。换句话说，就是“完全放弃内心的掌控欲望，并瓦解所有概念和理想的一种开放的胸怀”。“自制”在传统上一向意味着压抑欲望的戒行，佩玛却赋予了更深刻的观察。她以原创的诠释方式，将所有意识活动最底端的空性形容成一种无依无恃的境界，然而这个境界总是被我们感受成不安和恐惧，而“自制”就是了解这份不安与恐惧的方法，此法可以使我们安住在无依无恃的状态。面对着动荡不安的外在世界，大多数人都会感到无所依恃，然而从佛法究竟真理的角度来看，这却是真正解脱的大好机会。一谈到“弃世”，人们往往会联想到抛弃世俗的一切财物、名望、情感等等牵累，而选择剃度出家的生活形式。佩玛对“弃世”有一番截然不同的见解。她说明弃世的真谛就是放弃心中趋乐避苦的那份希望，放弃有一个固定而独立的自我的那份信念。佩玛强调佛法既非信仰，亦非教条，如果企图抓取其中的精神，佛法就崩解了。我们必须不抱希望，才能有所体悟。这样的精神完全吻合禅或中观的究竟真理，也就是克氏所说的“从所有的已知中解脱”。

在第六章中佩玛诠释了“孤独”的六种含义：寡欲、知足、不从事不必要的活动、完整的纪律、不流连于欲望世界、不借散漫的意念寻求安全感，为的是帮助我们跨进一个没有规则的中道世界。坊间出版了许多探讨孤独的著作，佩玛将孤独与实修结合，似乎提供了更彻底的引领。

无常、苦、无我虽然是人生最深的本质，却往往因为诠释得不够透彻，而导致闻者的反弹和排斥，误以为这样的观点太消极、太负面了。因此，佩玛建议我们在痛苦和脆弱之中发现菩提心的真谛，在无常之中认出宇宙的和谐性及至善，在不抗拒无常之中体悟无我，在魔障之中和本慧联结。

如今正值恐怖主义横扫全球，各种天灾人祸接踵而至，并通过媒体送到每一户家庭，藏密古老预言中的黑暗时代景象，似乎已遮蔽千禧年的乐观愿景。似乎也只有超越上述种种意识活动和细微幻象的终极真理，才能帮助整体人类在自心中觅得真正的解脱之道。诚如本书末章所引用的高僧所言：“从我们困惑的心中所生起的一切现象皆可视为解脱之道。凡事都能行得通。这是无惧的宣言，如同狮吼一般。”

但愿本书从法性自然流露的警语，能引领所有面临困境的读者，在每一个当下勇敢迈入内心那暧昧不明、无所依恃的圣境。

前言

1995年我休了一年的假，整整十二个月我完全没做事。那是我一生中精神体悟最丰富的一年。除了放松之外，我没做什么认真的事，我只是看书，健行，睡觉。我煮东西吃，打坐，也写点东西。我没有行程，没有时间表，也没有什么“应该做的事”。这一段时光完全开放，不定时，让我消化了许多东西。虽然放松，我还是做了一件正经事——我读完了两纸箱录音带的誊写稿，那是我从1987年至1994年所做的演讲。这些演讲和《不逃避的智慧》(*The Wisdom of No Escape*)这本书中记载的一个月闭关活动中的谈话方式，或是《原地出发》(*Start Where You Are*)中所记录的修心式的谈话都不一样，因为其中没有什么统一的主题。我偶尔看个几页，发现里面有些轻松愉快的东西，也有卖弄学问的东西。面对这么多自己的文字，感觉既有趣，又尴尬。渐渐地我发现，不管我选择的是什么主题，不论是哪一年在哪一个国家讲的，从某方面来看，这些演讲都只是在阐述同样的东西：我们都需要“慈”（对自己的爱），然后从其中逐渐唤醒对人对己之痛苦无惧的悲心。在我看来，这些谈话的背后都有一个观点，那就是我们要跨进未知的领域，轻松地看待自己无依无恃的情境。另外一个主题则是接受我们平常逃避的东西，消除我们与他们、这个与那个、好与坏之间二元对立的紧张。我的老师曾经说过，这就是“趋向尖锐点”。如今我终于明白，这七年来我只是在消化和传达老师大胆而有益的开示罢了。

深入去看这些谈话内容，我发现自己要完全体悟老师的开示，还有很长的路要走。但是我也发现，尽力实践老师的开示，与他人分享身为学生的修道经验，使我得到一种前所未有的幸福与满足感。就像我以前常说的，和自己心里的魔障做朋友，和这些魔障带来的不安做朋友，反而使你有一份简单而含蓄的轻松与喜悦。明白这一点，总是让我不禁失笑。

那一年差不多过了一半的时候，我的编辑埃米莉·希尔伯恩·塞尔无意间问我有没有什么谈话录音可以出第三本书。于是我就把那两箱誊稿寄给她。她读了之后，胸有成竹地告诉香巴拉出版社说：“我们又有一本书了。”

接下来的半年，她不断增、删、改、编，而我却拥有极大的奢侈，进一步地将其中每一篇修到自己满意为止。我平日里只是休息，看海，散步，除此之外，我的心思时常沉浸在这些谈话中。老师有一次曾经对我建议：“放轻松，写点东西。”那时候我还不觉得自己真的有办法放轻松，写点东西。

然而几年过去了，如今我却真的照他的建议在做。

本书就是一年无所事事跟埃米莉合作的结果。

希望这本书能鼓舞你全心全意地过生活，并且认真地体悟诚实、慈爱及勇气的真谛。如果你生活混乱，压力很大，那么这本书里面的很多建议都是你需要的。如果你正好处在人生的过渡期，因为失去了某些东西而痛苦不堪，或者在根本上感到焦虑不安，这些教诲同样是为你量身定做的。这本书的要点是，我们都需要人家提醒与鼓励，才懂得轻松面对道途上所遭遇的任何事物。

当我们实践这些开示时，我们就加入了一个由师徒共同组成的久远传承，这个传承早已将佛法融入于日常生活的起伏中。他们已经和自己的自我做了朋友，并且在其中发现了智慧，而我们也可以办得到。

我要感谢光明的持有者，我的老师，他把自己的一生完全奉献给佛法，热切地将其中的精义传递给西方人。但愿我从他那里得到的启发能够感染世人。但愿我们都和他一样过着菩萨的生活。但愿我们都不会忘记他所说的："混乱应该被视为大好消息。"

佩玛·丘卓

1996年于加拿大新斯科舍省普莱森特贝甘波修道院

第一章 亲近恐惧

接近真相，自然会感到恐惧。

展开精神旅程，就像乘小舟进入汪洋大海寻找未知国度一般。诚心的实修会带来心灵启示，但是我们迟早都会遭遇到恐惧。大家都知道，一旦接近地平线，我们就会从边缘地带掉下去。所有的探索者都一样，都很想知道那里到底有什么东西在等着我们，可是却不知道自己有没有勇气面对那些东西。

我们对佛法产生兴趣，决心一探究竟，但是我们很快会发现，大家在如何修持这件事上往往充满着各种偏见。我们借着洞见禅修来练习正念，彻底意识到自己的行为与思想。我们聆听禅学演绎的空义，接受挑战，和那开放而又广大无垠的澄明之心相连。金刚乘给了我们一种概念，要我们处理各种情境的能量，观察那觉醒的状态和这些能量是不可分离的。这些方法随便哪一个都可能吸引我们产生动力，怀着热情向前探索。但是，如果我们想深入表相之下，毫不犹豫地修炼，到了某个时刻，我们不可避免地会经验到恐惧。

恐惧是一种普世性的经验，即使是最小的昆虫都会感到恐惧。譬如我们跑去海边弄潮玩水，看到海葵，用手一摸它，它立刻缩了起来。每一种生物一有恐惧都会自动收缩。一面对未知就感到恐惧并不是什么可怕的事，那是活着的一部分，所有的生命共有的一部分。我们一感觉有孤独的可能、死亡的可能，感觉没有东西可以让我们抓住，内心就会产生恐惧反应。接近真相，自然会感到恐惧。

碰到任何经验，如果我们努力安住在经验中而不逃避，我们的经验就会变得非常强烈。没有地方可以逃避的时候，事情会变得非常清楚。

在某一次闭关中，我深深体悟到一件事，我发现我们不可能既安住在当下而同时任由妄念编撰剧情！我知道这听起来没有什么，可是一旦亲自领悟到这一点，你一定会变。眼前的这一刻，你是这么清楚地见到无常，这么清楚地见到慈悲、惊奇、勇气，也这么清楚地见到恐惧。事实上，一旦站在未知的边缘，完全意识到当下，却又没有任何寄托，这时每个人都会觉得双脚落空。然而就在这个时刻，我们的理解会深化，我们会发现当下是非常脆弱的一刻。这一刻实在令人焦躁不安，却又是完全温柔的。

我们刚开始探索时总是怀抱着许多理想和期待。我们总想寻找答案来满足我们长久的饥渴，却一点也不想认识心中的妖魔鬼怪。当然，一定会有人提醒我们这一点的。我还记得第一次聆听禅坐开示时，那位女老师就告诉我说："不要以为打坐像是消愁解闷的度假一样。"可是就算全世界的人都提醒我们，我们还是不相信。事实上，打坐确实会让我们更接近心中的妖魔鬼怪。

我们现在所说的是了解恐惧、熟悉恐惧、直视恐惧——这并不是说要将其视为解决问题的方法，而是要完全去除我们以往看、听、闻、尝及思考事情的方式。真相是我们只要一开始这样做，就会越来越谦卑，因为执著理想而产生的傲慢已经没有存在的余地了。只要勇于向前迈进一点，随着理想必然生起的傲慢就会被照见。修行中的种种发现和相信什么东西无关，却和死去的勇气有关，和不断死去的勇气有关。

正念、体悟空性、处理能量全都指向同一个东西，那就是要安住在原地不动，钉牢在原来的时空点上。我们如果待在原地而不形成造作，既不压抑，也不归咎他人或谴责自己，就会面临一个"不明确"的问题。这个问题是无法从概念上获得任何解答的。另外，我们还会跟自己的真心相遇。有一个学生说得很好："佛性巧装成恐惧，踢我们的屁股，要我们学会接纳。"

有一次我去听一个人演讲，那个人谈到他 20 世纪 60 年代旅居印度的修行经验。他说他决心去除自己内心的负面情绪，他努力地克制愤怒和色欲，他努力地对治懒惰与骄傲。不过他最想克服的却是恐惧。老师一直告诉他不要那么努力，他却以为老师又是在教他另一种克服障碍的方法。

后来老师要他到山脚下的一间茅屋里打坐。他关上门，开始打坐。天黑以后，他点了三支蜡烛。到了半夜，他突然听见角落里有一些声音，黑暗中定睛一看，竟然是一条很大的蛇在他前面摇摇晃晃。他觉得那是一条眼镜蛇。他很害怕，一直坐在那里盯着蛇，不敢动也不敢睡。这一整夜，茅屋里存在的只有他、蛇和恐惧。

天亮之前，最后的一支蜡烛也熄灭了，然后他哭了起来。他哭，不是因为绝望，而是因为内心终于柔软了。他终于能体会世上所有人、畜的渴望；他领受了他们的疏离和挣扎；他发现只是一味地打坐是不会得到什么东西的，只会更加孤立，更加挣扎罢了。于是他接受了——全心全意地接受——自己的愤怒、自己的忌妒、自己的抗拒、自己的挣扎和自己的害怕。但是他也同时体认到自己的珍贵——体认自己既聪明又愚蠢，既富有又穷困，但是又深不可测。他满心地感激，于是就在黑暗中站起来向蛇走过去一鞠躬，之后他就睡着了，而且睡得很熟。醒来以后，蛇不见了。他不知道这到底是他自己的想象，还是当时真的有这么一条蛇。不过这已经无关紧要。讲到最后他说，亲近恐惧使他自己的“戏码”完全崩解，他周遭的世界也彻底了结了。

从来没有人告诉我们不要逃避恐惧。很少有人告诉我们要接近恐惧，要在恐惧之中熟悉恐惧。有一次我问千野古文禅师怎么对治恐惧，他说："我承认，我承认。"但是别人给我们的建议通常都是化解、安抚、吃药、消遣——总之就是要摆脱掉它。

其实我们根本不需要这种鼓励，因为与恐惧解离是我们自然会去做的事。我们习惯性地回头就跑，只要看到一点恐惧的迹象便惊愕不安。如果感觉恐惧快冒出来了，我们不妨检查一下自己。这么做是好的——不是要打击自己，而是要培养无条件的慈悲心。最令人心痛的事莫过于当下自欺了。

然而，有时候我们真的会走投无路；什么都瓦解了，再也没有逃避的可能了。这个时候，最深奥的真理突然一下子变得非常明白而平常——我们是无处可逃的。我们和其他人一样看见了它——比任何人都看得更清楚。迟早我们会明白我们无法再美化恐惧，它终究会让我们见识到以前听过或读过的教诲。

所以，下一次再遇见恐惧的时候，要认为自己很幸运。勇气就是从其中诞生的。通常我们都认为勇者无惧，其实勇者只是亲近恐惧罢了。我刚结婚的时候，我先生对我说，我是他认识的人当中最勇敢的一个。我问他为什么，他说我虽然是个彻底的懦夫，但是碰到问题，事情总是照做不误。

关键就在继续探索而不要逃避，纵然发现某些事情不是我们想象的那般，还是照旧探索。我们会一再地发现事情根本不是我们想象的那样。世上没有一样东西和我们想象的一样，我可以非常确定地这么说。“空”不是我们想象的那样，正念、恐惧不是我们想象的那样，慈悲也不是我们想象的那样。爱、佛性、勇气，这些都只是密码，真正的意涵我们心里并不明白，然而我们都可以去体验一下。我们一旦能静观事物的崩解而丝毫不逃避当下，我们就能明白这些密码是直指人生真相的。

第二章

当生命陷落时

世界崩解了，我们站在不明状况的边缘。

这时我们每一个人的考验就是能否安住在这个边陲地带，而不去具体地认定什么东西。

精神旅程非关天国，也不是要到达某个美妙的地方。

甘波修道院很大，海天相连，水平线看不到尽头，海面上到处悠游着海鸥、渡鸟。这样的地方很像一面大镜子，让你感觉无处可逃。既然是修道院，实际上也不可能有什么逃避之道——那里不可以说谎，不可以偷窃，不可以喝酒，不可以做爱，不可以外出。

我本来就很渴望去那个地方。后来创巴仁波切问我要不要去那里担任院长，我就去了。我一向喜欢挑战，住在那里果然对我是一项考验，因为初去的第一年我就好像被生煎活煮一般。

我是因为自己的世界整个崩解了，才去那个修道院的。我一路保护自己，欺骗自己，一路维护自己亮丽的形象——然而一切还是崩解了。不论怎么努力，我就是再也掌控不了大局。我的行事风格把每个人搞得快要疯了，我自己也无处躲藏。

我一向自认为做事很有弹性，待人亲切，几乎每一个人都很喜欢我。我带着这种假象活了一辈子。然而来到修道院的前几年，我却发现自己其实一直都不了解自己。不是我的素质不好，而是我实在不是那最后的“黄金女郎”。我在自我的形象上投注了太多东西，如今这个形象再也维持不住了。我所有的未竟之事全部鲜活而无误地暴露出来，不但我自己看得一清二楚，别人也看得清清楚楚。

凡是自己以前看不到的地方，现在一下子都冒了出来。这还不够，别人还会讲我的一些事情给我听。我很痛苦，痛苦到不知道自己还会不会有快乐的一天。我觉得一直有炸弹落在自己的身上，而自我欺骗也不断地在爆发。然而生活在这个人人勤修精进的地方，我不可能迷失在维护自己、怪罪他人之中。这个地方没有那种“出口”。

后来有一位老师来修道院访问，我还记得她对我说：“你一旦能和自己亲密相处，你的状况就会跟着顺利起来。”

我以前也听过类似的话，知道自己只有这条路可以走了。我墙上挂着一幅标语，上面写着：“唯有不断寂灭，才能在自己身上发现不朽的东西。”未曾听闻佛法之前，我就知道这才是真正觉醒的精神，也就是要放下一切。

然而，事情一旦见底，我们找不到东西可以抓的时候，伤痛就开始浮现了。就像那洛巴学院（Naropa Institute）的人常说的箴言：“爱好真理使你走投无路。”我们对这一点都还有一些浪漫的想象，然而一旦被真理钉牢，我们可就苦了。

你去浴室照镜子，一眼就看见自己长了一脸青春痘，看见自己那张年华老去的脸，看到自己没有爱心，看到自己的侵略性和胆怯——我们一清二楚地看到了这种种东西。

这时候我们的心就柔软了。当事情摇摆不定、什么都不对劲时，我们就会明白自己已经到达了某个边陲地带。我们会发现这个地带既脆弱又温柔，而温柔又可能朝两个方向发展，一是把自己封闭起来生闷气，或是去修正一下那股震撼人心的感觉。无依无恃的状态真的是既温柔而又震撼人心的。

这整个过程都是一项考验。身为精神勇士，若想唤醒自己的心，都需要这项考验。有时候我们是因为生病或亲友亡故而落入无依无恃的境地。我们感到失落——失去挚爱的人，失去青春，失去了生命。

我有一个朋友因艾滋病而面临死亡。有一次我在外出旅行之前去找他谈话，他说："这场病不是我要的，我很恨，很害怕。可是后来却发现这场病是我收过的最贵重的礼物。现在生活的每一刻对我而言都很珍贵，我生命中的每一个人都很珍贵。我整个人生都变得有意义了。"有个东西真的变了，而且他已经准备好接受死亡了。原本恐怖骇人的东西，现在却变成了礼物。

生命陷落既是一项考验，也是一种治疗。我们都以为重点是要通过考验，克服问题，然而，真相是问题并不会得到解决。事物聚合之后必定分离，接着又是聚合与分离。治疗就是容许这一切自然地发生——接受悲伤，也容许悲伤减轻；接受痛苦，也容许喜悦出现在我们心中。

我们也许认为某件事会带给我们快乐，然而我们并不知道会发生什么事。我们以为某件事会招来不幸，但其实我们并不知道情况会是什么结果。最重要的就是容许自己不知道。我们总是会做一些自认对状况有帮助的事，可是我们绝对不知道自己会跌倒还是会昂首端坐。虽然遭受到极大的失望，我们仍然不知道故事是不是就这样结束了，或许只是一场伟大历险的开端吧。

我曾经看过一篇文章，描述的是一对夫妇只有一个独子，他们的家境很穷，所有人都依赖这个独子赚钱养家、维持家庭的声誉。有一天他从马背上跌下来，摔成了残废，这对他们一家人而言简直就是世界末日。然而两个礼拜以后，军队进了他们村子，把所有的壮丁都抓去当兵打仗，唯独这个年轻人得以幸免，而可以留在家乡照料父母。

生命就像这样。我们什么都不知道。有的事我们称作好事，有的事我们称作坏事，但是到底好不好，其实我们并不知道。

世界崩解了，我们站在不明状况的边缘。这时我们每一个人的考验就是能否安住在这个边陲地带，而不去具体地认定什么东西。精神旅程非关天国，也不是要到达某个美妙的地方。事实上，我们就是因为如此看待事物，才会这么痛苦。我们以为可以找到永久的快乐，并因此而逃避痛苦，就造成了佛教所说的轮回。这种绝望的轮转使我们承受着巨大的痛苦。佛教四圣谛第一谛说的就是苦，只要我们还认为事物是永恒的、不会崩解的，而我们可以倚靠它们来满足我们对安全的饥渴，就会有苦。从这个观点来看，我们真正认清事物真相的那一刻，就是毯子从我们脚下抽走而我们找不到立足点的时刻。如果我们不利用这种状况来唤醒自己，就会让自己昏睡下去。当下——这无所依恃的一刻——就是发心照顾匮乏者的一刻，也是发现自己善性的一刻。

我记得很清楚，有一年初春的某一天，我的现实世界突然罄竭。当时我虽然尚未听闻佛法，不过那的确可以称得上是一次真正的属灵经验。那是在我先生告诉我他有外遇时发生的。当时我们住在新墨西哥州北部，那一天我站在我们家门前喝茶，听见汽车开上来的声音，然后是关车门的声音。接着他从屋子旁边绕了过来，在没有任何预警的情况之下，劈头就说他有了外遇，想和我离婚。

我还记得那时我感觉天空非常宽阔，屋边河水潺潺，茶杯里冒着热气；时间静止了下来，我脑中一片空白，里面什么都没有——只有光和无边的寂静。接着我回过神来，捡起一块石头，向他砸了过去。

每次有人问我为什么会接触佛法，我总是回答那是因为我实在太气我先生了。然而真相是，他救了我的命。当时我们的婚姻出了问题，我非常非常努力地想重拾那份慰藉和安全感，重回那熟悉的歇息之处。可是，幸好我没有得逞。我凭着本能知道，让我那执著的、习惯于依赖的自我死亡，是我唯一的生路。我家墙上那一幅标语就是那时候贴上去的。

生命是良师益友。事物永远都在变迁，但愿我们都了解这一点。事情总是不会照我们的梦想发生。那种偏离中心、不前不后的状态才是理想的状态，我们在这种状态中反而不会卡住，而能够无限地打开心胸和思想。那是一种非常温柔、没有任何侵略性，而又非常开放的状态。

安住在这种动摇的状态里——安住在破碎的心，安住在胃痛，安住在绝望，安住在报复心之上——才是真正的觉醒之路。守着那份疑虑，抓住在混乱中放松的诀窍，不要惊慌——这就是精神修为。掌握理解自己的窍门，温柔而慈悲地体会自己——这就是勇士之道。不论你喜不喜欢，每当我们生气、痛苦、刚愎自用的时候，甚至是轻松下来或充满启悟的时刻，我们就如同过去的千百万次一般，再度体悟到自己。

我们可以每天想一想世界各地发生的侵略行为。我们可以想一想纽约、洛杉矶、哈利法克斯、贝鲁特、科威特、索马里、伊拉克等地发生的侵略行为。全世界各地，每个人都在反击敌人，人的痛苦永远高涨不下。我们每天都可以反省一下这些事，问一问自己："我有没有增加这个世界的侵略行为？"每当事情尖锐焦躁起来，我们就问问自己："我到底要的是和平，还是战争？"

第三章 当下就是良师

我们遇到的对手可能是哈巴狗，也可能是恶犬，不过真正有趣的问题却是——接下来呢？

一般而言，只要是不舒畅，不管是什么样的不舒畅，我们都当做坏事看待。可是对修道人或精神勇士——渴望认清真相的人——而言，失望、尴尬、恼怒、不快、愤怒、忌妒、恐惧等情绪，却不是什么坏消息，它们反而能让我们清楚自己碰到什么事会退缩。每当我们宁愿让自己退缩或崩溃时，这些情绪却教我们昂首挺胸，向内观照。这些情绪很像信差，非常清楚地告诉我们卡在什么地方。当下这一刻就是良师；幸运的是，这位良师随时都在我们身边。

有些人或事会揭开我们以往还未解决的问题，碰到这样的人或事，我们都可以当做喜讯来看待。我们不必刻意猎取什么东西，也不必刻意制造某种情境来试探自己的局限。生活中总是会出现悬而未解的问题，规律如同时钟一般。

每一天，我们都有许多机会让自己开放或封闭。如果我们觉得自己已经无法处理任何状况，那其实就是探索自己的大好时机。情况实在太不像话了，太过分了，我们觉得自己简直糟透了。我们不论如何就是没法掌控大局，让自己全身而退。我们不论怎么努力都没用。基本上，生命已经使我们动弹不得。

这很像你去照镜子，却看到镜子里面是一只猩猩。镜子在那里照着你，你看到的东西实在很糟糕。你把镜子转来转去，想让自己好看一点，但是不论怎么转，你看起来还是像只猩猩。生命令你动弹不得，你要不就接受眼前的状况，要不就推开，没有什么选择余地。

大部分人都不会把这些状况当做功课来学习，我们“不自觉地”怨恨这些情况。我们像疯了一般地逃掉，我们用尽各种方法躲避。我们碰上了危机，再也无法忍受了——药瘾、酒瘾于焉而生。我们想缓和眼前的状况，在里面塞一点柔软的东西；不管什么东西，只要能减轻痛苦，我们就上瘾。事实上，这个世界的物质崇拜就是源于这种心境。我们已经发明了太多的方法来娱乐自己，我们总想让自己远离当下这一刻，把它尖锐的边缘磨圆，把它的声、光等等关掉，免得承受那痛苦的冲击。

禅定是一项邀约，邀请我们到达自己的极限时，不要被期待和恐惧冲昏了头。通过禅定，我们可以清楚地看到自己的意念和情绪，也可以放下这些东西。禅定令人鼓舞的地方在于，就算我们选择的是封闭自己，也不可能封闭得不自知。我们会很清楚地看到自己的封闭，光是看到这一点，便足以照亮无知所形成的黑暗。我们会看到自己如何逃避，如何闪躲，如何让自己忙碌，免得自己的心被看穿了。不过我们还是可以看到自己的心其实是有能力敞开和放松的。

失望、尴尬等令人感觉不舒服的东西，基本上都是一种死亡。我们失去了立足之地，无法再统一自己，也无法再主导任何事。由于不明白大死之后才能重生，所以我们一味抗拒对死亡的恐惧。

面临自己的局限并不是什么惩罚。事实上那是一种健康的征兆，因为那表示我们濒临死亡的境地时，至少还能感觉恐惧和战栗。更进一步的健康征兆则是，我们非但没有被恐惧和战栗毁灭，反而认为那是一个信息，它告诉我们不要再挣扎了，应该开始正视那胁迫着我们的东西。失望、焦虑这些东西都是信差，它们在告诉我们即将进入未知的领域。

对某些人而言，连卧室的衣橱都可能是未知的领域；对另一些人而言，外层空间才是未知的领域。会激起希望或恐惧的东西，对你我来说都不一样。譬如我的婶婶，我只要挪动一下她起居室里的台灯，她就受不了。我有一个朋友，只要一搬家便束手无策。还有一个邻居惧高。什么东西逼我们面对自己的局限并不是重点，重点是我们迟早都会碰到自己的局限。

我第一次看到创巴仁波切是在一个第四级的禅修班上。同学问了他很多问题。有一名男学生问他是否害怕过什么东西，他说，老师常常鼓励他到坟墓这类地方去接近自己不喜欢的那些东西。仁波切说了一个故事：有一次他和几个侍从一起去参访一座寺庙，他从未去过那座寺庙。接近大门时，他们看到门口有一头大狗，赤眼森牙，对着他们咆哮，还想挣脱链子跑过来咬他们。他们保持距离绕过这只狗，赶紧走进大门。才刚走进去，狗链突然断了，狗对着他们冲了过来。几个侍从惊叫了起来，呆立在那里无法动弹。仁波切转过身去，以最快的速度对着狗冲过去。狗觉得非常意外，突然停了下来，夹着尾巴跑了。

我们遇到的对手可能是哈巴狗，也可能是恶犬，不过真正有趣的问题却是——接下来呢？

精神之旅就是要超越期望和恐惧，跨进未知的领域，继续往前走。精神修为最重要的也许就是继续往前走了。通常我们逼近自己的极限时，都会像仁波切的侍从一样，吓得呆立在那里。我们身体呆了，心也呆了。

遇见自己的对手时，我们要如何对治自己的心呢？与其沉溺或排斥我们的经验，不如让情绪的能量、自己的感受直透心底。这件事说起来简单，做起来十分不易，它可以说是最高贵的生活态度，绝对的慈悲之道——培养勇气与善心之道。

我们在佛法里时常听到"无我"这个词。这个观点很难领会，它到底在说什么啊？如果说的是神经官能症，我们会立刻明白，因为那是我们都相当了解的东西。可是“无我”到底是个什么东西？每当我们面临自己的极限时，如果能不沉溺也不压抑，并试着去彻底了解自己的真相，我们心里那个僵硬的东西就会融化。不论生起的是什么能量——愤怒的能量，失望的能量，恐惧的能量——那能量都会使我们软化。那能量只要不是固定在某个方向，就会穿透我们的内心，把我们整个人打开。无我就这样被发现了。我们平常所有的看法在这种状态里会全部崩解。面临极限不是一种障碍或惩罚，而是找到了门径，向圣境与人性无条件的善迈进。

这条路从静坐开始是最安全而有效的。坐在蒲团上我们会慢慢抓到不沉溺也不压抑的旨趣，以及任由能量在那里活动的感觉。就是因为这个道理，所以每天都要静坐，每天都要和自己的期望与恐惧一再地做朋友。静坐能播下一些种子，使我们在混乱的生活中保持清醒。觉醒虽然是渐进的，也是慢慢累积的，不过我们真的会因此而清醒。我们打坐不是为了要道行高深，而是要在生活中更加清醒。

静坐时最先发生的事，就是我们终于能看到眼前的真相。这时我们虽然还是想逃避，想沉溺，可是却很清楚地看到自己想逃避。有人也许会认为，只要清楚地看到自己的真相，问题就会立刻消失，可是其实不然，我们会有很长一段时间只是看得很清楚罢了。就因为我们愿意认清自己的沉溺和压抑，沉溺和压抑自然会慢慢耗尽。耗尽和脱离是不太一样的，因为你会产生比较开阔、宽大而又解放的观点。

要保持在沉溺与压抑之间，不偏于一方，就必须不论心里生起什么念头都不作评断，只是让它自然地生灭，再回到当下的开放状态中。打坐要做的就是这件事。念头一生起，我们既不压制也不任其盘踞在心里，而是承认它，让它自然息灭，然后回到当下——诚如索甲仁波切所说的："把我们的心领回家。"

我们就是要在日常生活中和自己的期望、恐惧如此相处。过一段时间，我们自然而然就会停止挣扎，学会放松下来。我们回到当下清新的一刻，不再和自己喋喋不休地说个不停。

这件事必须渐进地、有耐心地进行。要多久？我认为必须倾余生之力来进行这件事。基本上，我们会逐渐地开放，学到更多的东西，跟人类的痛苦及人类智慧的联结也会更深。我们会彻底而完整地了解人类的痛苦和智慧，而越来越具足慈悲心。这个功课不会间断，我们永远都有东西要学。这样我们才不会变得自满而落伍，放弃学习的机会，不再接受任何挑战。我们会在最意想不到的时刻一再遇到那一只恶犬。

我们可能会以为自己愈是开放，愈是需要更大的灾难来迫使我们达到极限。然而，有意思的是，当我们越来越开放的时候，大的灾难会立刻把我们唤醒，小事则会在我们不留意的时候突袭我们。然而，不论大小、颜色、形状如何，要点仍然是向生命的不适贴近，清楚地加以观察，不要只是一味地护卫自己。

练打坐不是要追求什么理想状态——事实刚好相反。我们只是要和自己的经验共处，不论什么经验都一样。如果有时候我有某种洞见，有时候没有，这就是我们的经验。有时候我们敢接近那令我们害怕的东西，有时候不敢，这也是我们的经验。“当下这一刻就是良师”，确实是最深奥的开示。只是看着当下所发生的事——这就是有关当下的教诲。我们可以和当下的实相同在，而不与其分离。我们在痛苦中觉醒，在快乐中觉醒，在疑惑中觉醒，也在智慧中觉醒。在我们那怪诞而又深不可测的日常生活中，每一刻随时都可能觉醒。

第四章 如实安住

了解这种方法以后，就可以开始修炼。

至于下一步该怎么做，只有看我们自己了。

最后我们会碰到的问题是，我们到底愿意放松执著到什么程度？愿意对自己诚实到什么地步？

创巴仁波切传授给学生的方法叫做止观双运。刚开始在西方传授这个法门的时候，他告诉学生只要把心打开，放松下来就可以了。如果有什么杂念，只要等念头消失，再重回那种开放而轻松的状态就可以了。

可是几年之后仁波切却发现，这种方法虽然简单，有的人却觉得难以做到，他们需要其他方法的辅助。那个阶段，他并没有改变这种静坐方法的基本旨趣，可是对学生的开示却有些改变。他开始强调坐姿，并要求学生微微注意自己所呼出的气息。后来他说，呼出的气息最接近心的开放状态，而且又有个目标可以将注意力收回来。

他强调，呼出的气息必须自然，不可以刻意操纵；放在上面的注意力必须微微觉察一下就放掉。全部的注意力大约有四分之一放在上面即可，这样既能觉察周遭的事物，又不至于把周遭事物当成静坐的障碍。多年以后他用了一个风趣的比喻来说明这种静坐的旨趣，他说，静坐就像一个人以盛装出现，但是手里却拿着一支盛着水的汤匙。我们可以高高兴兴地盛装坐在那里，而又不忽略手里那一汤匙的水。重点在于不要刻意想达到什么特殊的境界，或超越日常生活种种的声音及活动，反而要对环境的一切更加放松，欣赏周遭的世界和每一刻都在发生的寻常真理。

大部分静坐方法都会用一个东西来当做冥思的目标——不论你心里出现什么东西，都必须一再地回到这个目标上。不论是风是雨，下冰雹还是下雪，好天气还是坏天气，你都回到这个目标上。这里所指的目标就是我们呼出的气息——它不可捉摸，永远在变化，既无法掌握，却又一直生起。吸气就像是一种暂停或空档，你什么都不用做，只是等待呼气而已。

有一次我为一个朋友解说这种方法，她练习专注于出入息以及专注于其他事物的修持已经有很多年了。她听完我的说明之后，立刻告诉我说："这是不可能的！没有人做得到！这其中根本没什么可以觉察的东西！"这是我第一次发现这个方法里面埋藏着"彻底放下"的契机。我曾经听一些禅师说过，打坐就是愿意一再一再地死去。就是这样——气一呼出去就消失了，这便是过去的种种大死一番的机会，与其惊慌失措，不如放松下来。

仁波切要求我们这些教静坐的老师不要总是讲什么专注在呼吸上，应该要讲得更生动一点。所以我们会告诉学生"微微地注意一下呼气，然后放掉”，“轻柔地注意一下呼气”，“呼吸向外释放时，与它合而为一”，等等。基本的法则就是放松、开放，不添加什么东西，不形成概念，而只是不断地回到原先那清楚、敞亮、清明的心。

过了一段时间，仁波切又做了一次改良。他要求我们给自己心中的念头一个称谓，就叫做“念”。我们坐着，注意呼气；接着，还不知道怎么一回事，我们已经杂念纷起——我们担忧、幻想、打算，等等——完全落入另外一个世界，一个由各种妄念构成的世界。我们只要一觉察到自己杂念纷起，就对自己说这是“念”，而不要把它当成什么大不了的事，回到呼出的气息上就对了。

我曾经见过有人用舞蹈来表现这种方法。舞者起先在舞台上静坐，几秒钟以后激情生起，他开始起舞，越舞越激烈。那起先的一点激情，最后全面升高为性幻想。突然舞台上响起了小小的铃声，有个平静的声音说了一声“念”，舞者顿时放松下来，恢复静坐的姿势。五秒钟以后，他又开始跳起愤怒之舞。一开始也是小小的恼怒，最后全面地爆发。然后是孤独之舞、困倦之舞。每次铃声响起，那平静的声音一说“念”，舞者就放松下来安坐在那里，而且时间一次比一次久，最后终于进入了广阔的祥和与宁静。

静坐时说“念”是很有意思的事，我们可以在这个时刻培养温柔的心、不评断的态度。在梵文里面，慈爱叫做

maitri，这个字有时候也翻译成“无条件的亲善”。不论心里出现什么东西，你都要对它无条件地亲善。人是很难具备无条件的慈悲的，这里所说的这个简单而直接的方法可以唤醒这份慈悲心，所以是相当值得珍惜的。

有时候我们会觉得有罪恶感，有时又很傲慢。有时候我们的思想和回忆连自己都害怕，并且觉得非常悲哀。我们的心永远杂念不断，所以我们如果静坐下来，便提供了广大的内在空间，让所有的念头生起。那些念头像天上的云、海上的浪一样，一有空间就会出现。如果其中有一个念头盘踞不去，叫我们一直牵挂着，那么不论那是快乐还是不快乐的念头，我们都要用开放与慈悲的态度默默地替它贴标签，称之为“念”，然后让它消失在广大的内在空间里。这时如果立刻又出现了云和浪，也没什么关系，你只要用无条件的亲善心态承认这些东西，称之为“念”，一再一再地释放它们就对了。

但是有的人也会用静坐来逃避不愉快的心情或念头，我们可能会用“贴标签的方式”排除自己感觉困扰的心态。但如果我们心中生起的是禅喜或某种启示，我们就以为自己已经证悟了，而企图沉溺在平安、祥和及无惧的状态中。

所以，我们必须从一开始就提醒自己：静坐是以开放、轻松的态度面对任何生起的东西，而不挑不拣。这样的静坐方式对我们才有帮助。静坐时不应该压抑任何东西，也不要企图去掌控任何东西。艾伦·金斯伯格（Allen Ginsberg）称之为“吃惊的心情”。

你坐下来——突然一拳打过来！你看到自己生起了一个污秽的念头。没关系，由它去。也就是以慈悲的态度称之为“念”，然后由它去。接着——哇！又出现了一个美妙的境界。没关系，由它去。也就是不执著，而只是慈悲地称之为“念”，然后由它去。我们会发现这种“吃惊的心情”是没完没了的。12 世纪西藏瑜伽大师密勒日巴喜欢唱颂一些诗歌来说明正确的静坐方法，他在一首诗歌里说过，我们内心的投射比起一束阳光照见的灰尘还要多，即使你射出几百支矛都去除不了。所以我们练习静坐时，不要和那些杂念对抗，而是要明白诚实与幽默比任何严肃的修持方法都更能激励我们，帮助我们面对所有的现象。

不论如何，重点就在不要企图排除意念，反而要认清它的本质。如果我们把意念当真，它就会把我们耍得团团转。然而意念其实如同梦境、如同幻觉一般，并不是那么坚实的。意念就像我们刚才所说的，只是妄念罢了。

仁波切多年来一直在改良静坐的方法。他说，静坐时有任何刻意的挣扎都不好。所以，腿酸了，背痛了，你就动一下，不必忍着。我们很清楚地意识到，如果能够保持正确的坐姿，仔细地调整身体的每一个部位，我们就可以变得很轻松而能够安坐在蒲团上。大的调整动作可以带来五到十分钟的舒适，但是接下来我们就会开始想要变换姿势。如果真的想要安坐下来，我们就必须依循良好姿势的六个要点，亦即：座位、腿、躯干、手、眼、嘴。仁波切是这样开示的：

1. 不论是坐在蒲团还是椅子上，座位应该是平的，左右前后都不倾斜。

2. 双腿舒适地盘坐。如果是坐在椅子上，那么两脚要平放在地上，两膝相距数寸。

3. 躯干（从头到底座）要直，背部挺立，前胸开展。如果坐在椅子上，背部最好不要靠着。如果觉得姿势松垮了，坐直起来就对了。

4. 手掌向下，手指松开，放在腿上。

5. 眼睛张着——代表人是清醒的，对所有发生的事物都轻松对待。目光略为朝下，把焦点大约放在四至六尺的前方地面上。

6. 嘴要微微开着，让颚骨放松，用鼻嘴同时轻柔地呼吸。舌尖轻抵上颚。

每次坐下来就把这六点检查一遍。打坐的时候只要发现自己分心了，就把注意力重新收回到身体上，再检查一下这六个要点，然后带着这份重新开始的新鲜感回到呼气上面。要是觉得杂念纷生不已，不用担心，只要对自己说“念”，然后回到呼气时那种开放而轻松的状态即可。不论如何，你只需要回到自己的当下就对了。

起初有些人会觉得静坐是很令人兴奋的事。就像开始一项新的计划一样，你以为自己不想要的那些东西在静坐之后都能一扫而空，并且会变得更开放，更不具批判性，更能展现无条件的友爱。但是一段时日之后，那份新计划、新希望的感觉便开始递减，你只是每一天找一段时间坐下来和自己相处罢了。不论心中出现的是乏味、焦躁、恐惧还是愉悦，你都只是一再地回到自己的呼吸之上。

如果能够以诚实、轻松、幽默和友善的心情，持之以恒地重复这项练习，那么这件事本身就是对你的奖赏。

了解这种方法以后，就可以开始修炼。至于下一步该怎么做，只有看我们自己了。最后我们会碰到的问题是，我们到底愿意放松执著到什么程度？愿意对自己诚实到什么地步？

第五章 永远不嫌太迟

慈悲这个法门之所以不同，

就在于我们不企图解决什么问题。

我们不需要奋力挣脱痛苦，

也不需要变成一个比较好的人。

事实上我们已经完全放弃了掌控的欲望，

也瓦解了所有的概念和理想。

我曾经接到许多“全世界最糟糕的人”写来的信。有时这个最糟糕的人年纪已长，觉得自己蹉跎了一生；有时则是一名有自杀倾向的年轻女孩，写信来求助。这些有自苦倾向的人包括各种年龄层、肤色及外形。他们都有一个共通点，就是对自己不慈悲。

最近我和一位相交已久的友人恳谈。我一直认为他很害羞、心肠好，大部分时间都是他在帮助别人。可是这一次和他谈话，他却意志消沉，感觉十分无助。我故意调侃他说：“你不觉得这个世界一定有人比你更糟糕吗？”他的诚实令人心碎：“我不觉得。如果你真的想知道我的感觉，我可以告诉你，不会有人比我更糟了。我想不会有人比我更惨了。”

这使我联想起以前看过的一则加里·拉森（Gary Larson）的漫画。漫画中有两个女人站在屋里，从窗口窥探站在门口的妖怪。其中一个女人说：“艾德娜，别担心。它确实是一只丑陋的大虫，不过也很可能是一只需要帮助的大虫。”

对大部分人而言，最痛苦的时光其实都是自找的。然而，培养慈悲心永远不会太迟，也不会太早。这很像我们罹患重病已经到了末期，但是还可以再活一阵子。我们并不知道自己还剩多少时日，所以我们发现跟自己以及别人做朋友变得非常重要。

有人说过，如果不了解自己，不了解自己的所作所为，不了解自己的模式和习性，就不可能证悟，更不用谈什么知足、喜悦了。这就是所谓的慈悲（maitri）——对自己的慈悲和无条件的亲善。

不过人们有时会混淆自我改善和强化自我。我们可能会一味地对自己好，以至于忽略了自己对他人的影响。我们错以为慈悲乃是寻找永恒幸福的方法，如同某些商业广告承诺的那样，我们会以为我们的生活从此可以高枕无忧。然而慈悲绝不是拍一拍自己的肩膀，说一声“你是最好的”，或是“亲爱的，别担心，不会有事的”就算了。反之，在慈悲对待自己的过程中，我们的自欺会清清楚楚地显露出来。这时我们无论如何再也没有什么面具可戴了。

慈悲这个法门之所以不同，就在于我们不企图解决什么问题。我们不需要奋力挣脱痛苦，也不需要变成一个比较好的人。事实上我们已经完全放弃了掌控的欲望，也瓦解了所有的概念和理想。

修炼这个法门时我们要了解，不管发生什么事都不是开始也不是结束，而是打从有时间以来每天所发生的平常经验。种种的意念、情感、情绪、记忆来了又去了，但是当下永远在那里。

任何人想观察自己的心永远都来得及。我们随时可以坐下来，腾出内心的空间，允许任何现象生起。有时候我们对自己的觉察会让自己震惊，有时我们会想躲起来，有时我们又被经验冲昏了头。然而我们可以不作评断，不作好恶的选择，永远鼓励自己安住于此时此地。

痛苦的是，我们一旦把非难当真，我们就是在执行非难。我们一旦认同了严厉无情，就是在展现严厉无情。我们越是如此，这些特质就越顽强。我们变成了善于伤害别人和自己的人，这是多么悲哀的一件事。要诀就在练习温柔和放下，不论生起什么东西，都以好奇心对待，而不大惊小怪。与其挣扎或抗拒混乱，不如轻松对待，这样我们就会发现事情其实一直都是清楚的。在那个“世界最糟的人”的剧本中，在自己和自己的沉重对话中，其实一直都存在着开放的空间。

每个人随时都怀着一个自我形象，每个人心里都有这么一个自己的形象。这个自我形象有个说法叫“小心”（small mind），另外也可以称作 sem。藏文说“心”有好几个字，其中两个对我们特别有帮助，那就是 sem 和 rikpa。Sem 指的是那些散漫的意念，永远在强化自我形象的意念之流。rikpa 指的是“本觉”或“内明”。在所有的计算或担忧的背后，在所有的希望或欲望的背后，在所有的挑剔或选择的底端，一直存在着每个当下的本觉。我们只要不再喋喋不休，本觉就会出现。

在尼泊尔，狗整个晚上吠个不停，但是差不多每隔二十分钟左右，它们会一起停下来不叫。这时你就会感到无比的宁静和轻松。Sem 这个“小心”就像这个样子。一开始练习打坐时，你会觉得所有的“狗”都叫个不停，永远也停不下来。慢慢的，你会开始感觉有一些间隔出现。散漫的意念就如同这些野狗一样需要驯服。但是要驯服它们不能用棍子打，用石头砸，而是以慈悲心相待。温柔而正确地对待它们，它们就会渐渐平息下来。这种感觉有时候像是空间逐渐大了起来，偶尔才出现一两起吠声。

当然，内在的噪音会一直持续地出现。然而我们并不是要驱逐这些野狗，因为一旦触及本觉的广大空间，它就会遍布一切。修炼慈悲心时，一旦瞥见那广大的空性，它就会一直扩展，扩展到我们的愤怒之中，扩展到我们的恐惧之中，扩展到我们的种种概念和看法之中，扩展到我们所认为的自我里面。这时，我们甚至会觉得人生真是如梦似幻。

我大约十岁的时候，有一个最好的朋友时常做恶梦。她总是梦见几只丑陋的怪物在追她，而她就在一栋幽暗的大楼里跑来跑去，后来她跑到门口，好不容易才把门打开。然而才阖上门，就听到那几只怪物已经把门打开了。她最后总是惊醒过来，不由自主地尖叫、求救。

有一天我们坐在她家厨房聊天，谈起她的恶梦。我问她那些怪物到底长得什么样子，她说她不知道，因为她总是一直跑。我问了她之后，她才开始疑惑，不知道这些怪物长得是否像女巫，手上是不是拿着刀子。后来她又梦见这些怪物在追她，于是她就鼓起勇气不再逃跑，反而转过身来，靠着墙壁看着它们。这确实需要很大的胆量，她的心一直在狂跳。那些怪物停在她面前看着她，但是没有再靠近了。它们总共有五只，样子都很像动物。其中一只是灰熊，可是没有爪子，却长着长长的红指甲。另一只有两对眼睛。还有一只脸颊上有伤口。她仔细一看，发现它们不像怪物，反而像漫画书上的平面图画，然后就慢慢消失了。接着她就醒了过来，从此再也没有做过这种恶梦了。

有一则教诲讲的是三种觉醒的途径：从日常的睡梦中醒来，从生命中觉察到死亡，从幻梦中彻底觉醒。这则教诲告诉我们，当我们死亡的时候，我们的感觉就像大梦初醒一般。初次听到这一则教诲，我立即联想到我朋友所做的恶梦。如果人生只是一场梦，那么与其逃跑，何不掉过头来看一看到底是什么东西让我害怕。我发现要做到这一点并不容易，但是在过程中我却学到了慈悲。

我们本身的妖魔会以各种伪装的形式出现。羞耻、忌妒、放纵、愤怒等等都像妖魔一般，它们令我们如此不悦，我们只能不停地逃脱。

我们总是在进行大逃亡：我们发泄情绪、议论不休、用力关门、打人、丢东西，全都是因为不愿面对自己内心的现象。我们把自己的感觉往心里面压挤，为的是钝化痛苦。我们一辈子都可能浪费在逃避自己内心的妖魔上了。

世人总是汲汲于逃避，却忘了欣赏沿途的美景。我们习惯加速，却剥夺了自己的快乐。

记得有一次我梦见自己替康卓仁波切（Khandro Rinpoche）找到了一幢房子，我上上下下忙着清洗，煮饭。突然间她的车子到了，我跑过去迎接她，她笑着对我说："你有没有看见今天早上的日出？"我说："没有，我太忙了，没时间看日出。"她笑着说："太忙了，没时间过日子。"

有时候我们好像很偏爱黑暗和速度。我们过了一百年、一千年还是在反对、埋怨、嗔恨。可是在痛苦与愤怒中，我们仍然看见了慈悲的可能。我们开始听见有小孩子在哭，闻到有人在烘面包，我们感觉到春天沁凉的空气，看到了初春第一朵番红花。不管我们自己的情况是什么样子，院子里美丽的风景已经开始吸引我们。

要想不再抗拒生命，就要直接面对生命。如果因为房间太热而生起嫌恶感，我们就去感觉那热的猛烈和沉重。如果因为房间太冷而生起嫌恶感，我们就去感觉那冷冽冰凉的滋味。如果觉得下雨很讨厌，我们就去感受那份潮湿的觉受。

如果无谓地担心强风会吹坏窗户，我们就去聆听那风声所造成的感觉。切断自己的期望可以治疗我们的伤痛——这是我们送给自己的一项礼物。冷、热是无法医治的，它们永远会一再地出现。潮流往还、昼夜更迭——这就是事物的本质。即使我们死了，潮汐岁时仍然流转不已。能够欣赏，能够观察，能够敞开心胸——这才是慈悲的要义。

河流、空气遭到了污染；家庭、国家不停地争吵、交战；街上都是无家可归的人——这就是佛法所说的黑暗时代的征兆。另外还有一个征兆，那就是人们被自我怀疑所污染，而变成了胆怯的懦夫。

要想照亮此艰困时代的黑暗，对自己修持慈悲心似乎是很好的方法。

固守自己的形象仿佛眼瞎耳聋一般，仿佛身处野花之间却戴着眼罩，树上有鸟歌唱，可是你耳朵里却堵着耳塞。

我们的生命充斥着不满和抗拒。不管在哪一个国家，这种不满和抗拒都像瘟疫一般，四处蔓延而无法控制，并且毒害了地球的大气。这个时候开始怀疑这一切，开始掌握慈悲的要诀，应该是明智之举。

第六章 不伤害别人

暂停而不立刻把空间填满，

这就是一种转化的经验。

因为等待，我们开始和根本焦虑联结，

也开始和根本的空性衔接。

不伤害别人显然包括不杀生、不偷窃、不欺骗，也包括不侵犯别人——行为、言语、心意上都不侵犯别人。佛法所说的“不侵犯”的治疗力量，就是以不伤害自己或别人为基本教义。

从一开始就不伤害别人，中途不伤害别人，最后也不伤害别人，这应该是文明社会的基础。神智清明的世界就是这样建立的。然而首先其公民必须是神智清明的，这里指的就是我们自己。如果缺乏勇气和自尊，我们就无法诚实而温柔地看待自己，于是我们就会继续活在无明中，因而对自己造成最深的侵犯和伤害。

不伤害别人的基础即是正念，也就是怀着敬意与慈悲，清楚地看见事物的原貌。练习正念就会让我们了解这一点。但是正念并不止于打坐的时刻，它也能帮助我们看见日常生活的细微之处，帮助我们看、听、闻，不对自己的生活闭着眼睛、捂住耳朵、捏住鼻子。诚实看待自己每一个当下的经验，因尊重自己而不评断自己，这是一辈子都要进行的事。

我们一旦全心全意地投注于这温柔的诚实之旅，就会惊讶地发现以往竟然看不到自己在许多方面都伤害了别人。因为我们的想法已经根深蒂固，所以听不到别人——或许温和或许粗暴地——告诉我们的话。我们自己的行事风格，我们和别人相处的方式也许已经伤害了别人，而我们却不自知。我们已经习惯自己处事待人的方式，总觉得别人也应该习惯。

要面对“自己伤害了别人”是很痛苦的事，这需要一些时间。我们因为决心要温柔、诚实，决心要保持清醒、维持正念，所以展开了这一趟旅程。也因为拥有正念，所以我们看到了自己的欲望、侵略性，认清了自己的忌妒和无知。我们不对这些东西采取什么行动，而只是看着它们。如果没有正念我们就看不到。

接着下一步就是自制。正念是土壤，自制是道路。“自制”这个词听起来严格而拘束。活泼、好动、风趣的人不会想要自制，虽然他们偶尔也会控制自己，然而那毕竟不是他们的生活方式。不过自制的确是成为修行人的方法。自制是不因为感到无聊便找些事情来排遣，自制是不因为有空档就马上想找东西来填满。

有一回我上了一次兼习正念和自制的静坐课，老师要我们注意自己感觉不舒服的时候身体会有什么动作。我发现我觉得不舒服的时候就会拉耳朵，搔鼻子，抓头，扯衣领。觉得自己坐不住的时候，我会做出一些神经质的紧张小动作。但是老师规定我们不要企图改善什么，不管自己做了什么动作，都不要批评自己，而只是看着就对了。

注意自己如何逃避当下的感觉，可以帮助我们发现那无依无恃的空性。自制——不要习惯性地将冲动发泄出来——这一点和不再追求娱乐有关。通过自制，我们可以看到各种渴欲——侵略性或孤独感等等——之间的某种东西，以及我们随后所形成的造作。然而这个东西我们并不想体验，也无从体验，因为我们总是很快就形成造作。

我们日常生活的背后，所有言谈的背后，所有动作或意念的背后，都有一个根本的无依无恃的境界。这个境界一直在那里洋溢着能量。这个境界总是被我们感受成不安、焦躁、恐惧。这个境界驱动了激情、侵略心、无知、忌妒、骄慢，然而我们却永远抓不到它的本质。

自制就是了解这份不安与恐惧的方法。这个方法可以使我们安住在无依无恃的状态，但是如果我们立刻想办法排遣——我们讲话，做事，想事情——就完全丧失了空档，也就完全无法放松了。我们的生活会一直加速，我们会变成我祖父常说的那种神经兮兮的人。自制就是在最深的层次和自己做朋友。这样我们就会看到那些在打嗝、放屁底端的焦急、掌控和操纵的行为，或是其他任何东西。在这一切事物的底端，有一个很柔软、很温柔的东西，我们却把它感受成了恐惧或焦躁不安。

以前有一个年轻的精神勇士，她的老师告诉她必须和恐惧决斗，她却不想这么做。她觉得那似乎太好斗、太吓人、太不亲善了。但是老师说她非做不可，接着便指示她方法。决斗的那一天到了，她站在一边，恐惧站在另一边。她觉得自己很渺小，恐惧看起来却巨大而狰狞。她站起来向恐惧走过去，三鞠躬之后说道："我可以和你决斗吗？"恐惧说："谢谢你这么尊重我，还问我能不能和你决斗。"然后勇士问它说："我如何才能打败你？"恐惧说："我的武器就是我讲话的速度很快，我很快就能逼近你的脸，这样你就会吓破胆，我说什么你就会做什么。但如果你不按照我的指示去做，我就没有力量了。你可以听我说话，也可以尊重我一点，甚至你会完全被我说服。但是如果你不照我的指示去做，我就没有力量了。"于是勇士便学会了击败恐惧之道。

这个方法能使恐惧失效——尊重心中那些神经过敏的妄念，去了解我们的情感如何有能耐把我们要得团团转。这份了解可以帮助我们发现自己如何加重了自己的痛苦，加重了自己的混乱，以及如何伤害了自己。正念使我们在妄念生起的那一刻就能看清楚它。通过了解，我们排除了小题大做的连锁反应。当事情还是小事时，我们已经把它解决了。如此一来事情永远都是小事，而不会扩大成家庭暴力，不会扩大成第三次世界大战。这一切都来自于暂停和不去冲动地重蹈覆辙。暂停而不立刻把空间填满，这就是一种转化的经验。因为等待，我们开始和根本焦虑联结，也开始和根本的空性衔接。

其结果就是我们不再伤害自己和别人。我们开始彻底了解自己，尊重自己。不论发生了什么事，不管什么东西走进我们家里，或发现了什么东西坐在我们起居室的沙发上，我们都不惊愕。因为我们已经彻底学会了解自己，学会诚实，学会了温柔的正念。

这样的修持能使我们得到“不伤害”的成果——身（身体）、口（言谈）、意（心意）都获得安宁。身的安宁好像一座山。山上发生了许多事，譬如暴风吹袭、下冰雹、下雨，下雪、太阳晒、云飘过，动物拉屎拉尿，人也在山里拉屎拉尿。有人在山里丢垃圾，也有人在山里清垃圾。许多东西在山里生生灭灭，可是山就是不动。我们要是完全了解自己，身体就会不动如山。我们不会神经质地搔鼻子，抓耳朵，打别人，到处乱跑，酗酒。和自己建立完全良好的关系会使自己安静，这并不是说我们从此不跑、不跳、不舞，而是说我们从此不再有任何强迫性的行为。我们不再过度工作，暴饮暴食，猛抽烟或沉迷于诱惑中。简单一句话，我们不再伤害自己了。

言语的安歇好像没有弦的鲁特琴。这一把鲁特琴虽然没有弦，还是能够发声。这个意象代表我们的言语已经有了定性。然而这并不意味我们必须控制什么，或是必须很严格、很努力地不要讲错话，它指的其实是我们说话率直而又能自制。我们不会因为没有人开口说话就焦虑不安地找话说，我们不再像喜鹊或乌鸦一般喋喋不休，因为我们什么样的话语都听过了。我们听过赞美，也听过侮辱。我们知道每个人都愤怒会是什么状况，每个人都很宁静又是什么状况。我们放心地活在世上，因为我们已经对自己放心，所以不会出于紧张、出于习惯模式而总想利用嘴巴来逃避。我们的言谈已经被驯服，我们一讲话就和别人产生真正的交流。讲话这种能力是一份天赋，我们不该利用这种能力来表达神经官能症，而浪费了这份天赋。

心念的安歇好像山中的湖泊不起涟漪。湖泊不起涟漪，湖泊中的一切便清晰可见。湖水一团浑浊，就什么都看不见了。湖水无波这个意象代表宁静的心，对湖底的垃圾怀着无比亲善的心，所以不会想要搅动湖水，好让别人看不见那些垃圾。

“不伤害”还包括保持清醒。保持清醒从某一层面而言就是要放慢速度，注意自己说了什么话，做了什么事。越是看清楚自己情绪的连锁反应，越了解这个连锁反应怎么产生作用，就越容易安忍。慢下来，注意，保持清醒——变成了我们的生活方式。

我们所造成的伤害都是源于无明，但是静坐可以去除这份无明。看到自己无法止念，看到自己无法安忍，看到内心不平静——这并不是混乱，而是清明的开始。我们的生命时时刻刻都在流逝。很有意思的是，这样的修持不但不会令我们焦虑，反而会使我们解脱。我们一旦能完全安住于当下，不再焦虑自己的不完美，我们便自然解脱了。

第七章 绝望与死亡

愿意放弃希望，不再想终止痛苦和不安全，
我们就会有勇气轻松面对自己无所依恃的状况。
这是在道途上跨出的第一步。

心向佛法并不能使你安全无忧或确定什么东西，心向佛法并不能替你找到立足之地。事实上，一旦心向佛法，你只能无惧地承认生命的无常与变化，而开始掌握“绝望”的窍门。

藏文有一个字很有意思，叫做ye tang che。其中，ye的意思是“全部的，完全的”，tang che的意思是“耗尽”，所以ye tang che的意思是“精疲力竭”，或许也可以说是“受够了”。这句话是在描述一种彻底绝望或完全放弃希望的体悟。这是一个非常重要的观点，这就是开始的开始。如果不放弃希望——还认为有比较好的地方可以去，还认为自己的状况可以比较好——我们就无法放松而安住于当下的自己和自己的真相。

我们可以说，正念这两个字指的是与自己的经验合而为一，不分离。不论什么时刻，也许是正在开门，电话铃响了，或是产生了什么感觉，都要安住于当下。正念的意思就是安住在你的当下。但是，ye tang che 就不是那么容易理解了，它要表达的乃是灵修上的弃世精神。

认为一切都能得到安顿，是个不切实际的想法。追求永久的安全最终都将徒劳无功。要根除内心根深蒂固的习惯模式，我们必须逆转自己的一些最基本的假设。相信自己有固定而独立的自我，永远趋乐避苦，认为自己的痛苦应该由外在的某个人负责——这些想法都必须舍弃。不要认为这些想法可以带给我们满足，我们必须放弃这一类希望。我们总以为自己还有地方可以躲藏，然而我们一旦有能力质疑这样的信念或期望，我们的痛苦就开始消除了。

绝望表示我们不再有精神保全我们的人生。我们或许还想保全，我们仍然渴望站在舒适而安全的地面上。我们千方百计地闪躲，千方百计地绑住松掉的线头，可是脚下的地面就是一直在动。拼命寻找永久的安全教会我们许多东西，因为如果不是这样，我们就不会明白永久的安全根本不可能存在。心向佛法会加速这项发现。我们在这个过程中，每一次转弯都会发现自己是绝望的——我们的脚下根本找不到立足之地。

有神论和非有神论（nontheism，译注：这里指的不是“无神论”[atheism]）的差别并不在是否相信神。不管是不是佛教徒，这个问题每个人都会碰到。有神论相信我们有一只手可以牵：只要我们事情做对了，就会有人欣赏我们，照顾我们。意思就是说，只要我们需要被照顾，我们永远会有保姆。我们总是把自己应负的责任推给身外之物，把自己的权力让渡给别人。非有神论则是轻松对待当下这一刻的暧昧不明和不确定，也不寻找什么东西来保护自己。有时候我们以为佛法是我们自身以外的东西——让我们信仰、让我们依靠的东西。然而，佛法既不是信仰，也不是教条，而是彻底认识无常与变易。如果企图抓取佛法的精神，它就崩解了。我们必须不抱希望，才能有所体悟。从古至今已经有许多慈悲而勇敢的人体验过它，也教导过它，其中的信息就是无惧。佛法绝对不是让我们盲目追随的信仰。佛法完全不给我们任何可以攀附的东西。

非有神论就是明白你没有什么保姆可以依赖。你才找到一个不错的保姆，不久她就走了。非有神论就是了解来了又去的不只是保姆，其实整个生命都是如此。这就是真理，而真理是很不方便的。

有的人总是想抓住一些东西，对这种人而言，生命会更加麻烦。从这个观点来看，有神论犹如上瘾一般。我们每个人都对希望上瘾——希望疑惑和不可解之事都能消失。这份瘾头造成了社会极大的痛苦。如果社会大多数人都想替自己找到立足之地，这个社会是不会有太多慈悲的。

佛陀四圣谛的第一谛苦谛，指的并不是人生出了差错而感到痛苦。这句话真让人松了一口气。终于有人讲了真话，痛苦就是生命的一部分，所以我们不必认为痛苦是因为我们做错了什么事而引起的。可是每次我们感觉痛苦的时候，我们就觉得自己有错。只要我们还对希望上瘾，我们就会稀释自己的经验，或者强化它，或是加以改变，于是我们就继续痛苦下去。

在藏文里面，“希望”是 rewa 这个字，恐惧则是 dokpa。但是这两者常被写在一起，变成了 re-dok。希望与恐惧是一种心情的两面，有其中一面，必有另外一面。这个 re-dok 就是我们痛苦的根源。在希望与恐惧的世界里，我们永远都想改变电视频道，改变气温，改变音乐；因为已经有什么东西开始令人不安、难受、痛苦，所以我们才要选择另外的出路。

然而抱持的如果是非有神论的心境，放弃希望反而是一种肯定，是开始的开始。你甚至可以在冰箱上面贴一句“放弃希望”的格言，而不是“每一天、每一方面我都越来越好”这类的励志小语。

希望和恐惧来自于感觉自己缺乏了什么东西，来自于有所欠缺的感觉。我们就是无法轻松下来。我们总是紧抓着希望，于是希望便反过来抢劫我们当下这一刻。我们总觉得别人才知道真相是什么，而我们是有所欠缺的，所以我们的世界就少了一些东西。

但是，与其让这份消极感主宰着我们，我们不妨承认这一刻的我感觉上就像一坨大便一样，我们甚至可以看着它而不作呕。承认自己的真相是一种很慈悲、很勇敢的态度。我们可以闻一闻那坨大便，看看它是什么质地、颜色和形状。

我们可以探索一下那一坨大便的本质。我们可以认清厌恶、羞耻、尴尬的本质，而不以为这些情绪有什么不妥。过去我们一直认为有一个比较好的我在某一天会出现，现在我们不妨彻底放下这份希望。我们不能略过自己的真相而假装自己不存在，我们要正视自己的希望与恐惧。然后，从我们基本的清明中就会生出信心。

这时候就要谈到弃世了，譬如放弃“我们会有不同的经验”的希望，放弃“我们会更好”的期待。佛教的修行戒规要求戒酒戒色，这并不是说这些东西本身有什么不好或败德，而是因为我们一直把这些东西当做我们的保姆，当做逃避之道，或求取舒适、让自己分心的东西。其实我们真正要戒除的是“获得拯救，不再做自己”的希望。每次我们感觉自己无法面对即将发生的事情，而想抓住什么东西的时候，弃世这种教诲就会激励我们去探索整个状况。

有一次我搭飞机旅行，隔壁坐着一位先生。他一边和我聊天，一边不时地停下来吃药。我问他：“你吃的是什么药？”他说那是镇静剂。我说：“你很紧张吗？”他说：“没有，现在不紧张。但是我想等一下回到家我会很紧张。”

你可能会觉得很可笑，然而当你自己紧张不安的时候，你会怎么样？请注意自己的惊慌，还有那股马上想抓住什么的欲望。那股欲望总是奠基在希望之上的。不去抓住什么东西，就叫做绝望。

如果希望和恐惧是一枚硬币的两面，那么绝望与信心也是如此。愿意放弃希望，不再想终止痛苦和不安全，我们就会有勇气轻松面对自己无依无恃的状况。这是在道途上跨出的第一步。如果根本不想超越希望和恐惧的二元对立，那么皈依佛、法、僧就没有意义了。皈依佛、法、僧就是要放弃希望，不再冀求脚下有立足之地。这样的教诲——不论我们感动与否——就像是听到了某种熟悉而又难忘的声音，又像是与母亲重逢一般。

绝望就是我们基本的立足点，否则我们会怀着追求安全的希望走这一趟旅程。如果是这样，我们就失去了目标。我们总是怀着这份希望静坐，怀着这份希望去研读佛法，怀着这份希望去遵循所有的指导、开示，但是这一切的后果只有失望和痛苦！如果现在就认真接受这个信息，我们可以节省很多时间。我们要从不抱这份希望来展开这一趟旅程，也就是抱着绝望开始上路。

所有的焦虑、不满，所有使我们冀求不同经验的欲望，都根源于对死亡的恐惧。这一切的背后永远都是对死亡的恐惧。铃木禅师说，人生如同踏上一艘出海即沉的船一般。然而这种话不论我们听过多少遍，就是难以相信自我的死亡是一件好事。许多精神修持的方法都鼓励我们认真看待自我的死亡，不过我们就是很难跑回本垒！人生唯一可以信靠的一样东西距离我们实在太遥远了。我们还不至于说“不会，我不会死！”的原因，是我们都知道自己会死，不过那绝对是未来才会发生的事。这就是我们最大的希望。

创巴仁波切曾经做过一次演讲，题目叫做《日常生活中的死亡》。我们都是在恐惧死亡、隐藏死亡真相的文化中长大的，然而，我们无时无刻不在经历它。失望、功败垂成——这些都是死亡。事情总是一直在变化——我们也可以从中体验到死亡。一天结束时，一秒钟过去时，气息从嘴里呼出时——这都是日常生活中的死亡。

另外，我们不喜欢的事也可以说是日常生活中的死亡，婚姻不幸福、找不到工作等等都是死亡。和日常生活中的死亡建立关系，表示我们开始有能力等待，有能力轻松面对不安、惊慌、尴尬和所有的失败。渐渐地，我们会开始不再急着寻找保姆。

死亡与绝望能够提供我们正确的动机——想要生活在智慧与慈悲中的动机。但是，我们最主要的动机却是抵御自我的死亡。我们习惯性地阻挡任何困扰。我们总是否认事情起变化是很自然的事，否认沙子从指间漏掉是很自然的事。时间流逝、四季变迁、昼夜更迭，这都是很自然的事。可是在我们眼里，老病或失去挚爱的人却是很不自然的事。我们不论如何就是要阻挡那种死亡。

第七章　绝望与死亡

某些事情会使我们联想到死亡，这时候我们也会感到惊慌。譬如我们切到了手指，血流了出来，于是我们包上绷带。但是事情并不能如此单纯，除了包上绷带之外，我们还加上了自己的行事风格。有的人默然无语地坐在那里，血流了一整身；有的人开始变得歇斯底里，他不找绷带，反而打电话叫救护车送他到医院；还有的人坚持要用名牌绷带。然而不论我们的行事风格是什么，心态都不单纯，都不是最底层的那个东西。

难道我们没办法回归到最底层的那个东西吗？难道我们没办法回头吗？那个最古老最底层的自己就是开始的开始。赤白的骨头，流血的手指。倒过头来，从最小块的白骨开始面对。轻松地安住在当下，轻松地面对绝望、面对死亡，不要抗拒因缘的结束、事物的消失。事物并没有永恒的本质，万事万物随时都在改变——这就是最基本的真理。

所谓的绝望与死亡，指的就是面对事实，不逃避。我们可能还是会有一些瘾头，但是我们已经不再相信这些瘾头就是通往幸福的门坎。我们已经有太多次沉溺在各种瘾头的短暂快乐中——太多次了，所以我们知道紧抓着这份希望其实就是痛苦之源，短暂的快乐就是长期的炼狱。

放弃希望会激励我们安住在自己身上，和自己做朋友，不再逃避自己。不论情况如何，都回归到最底端的白骨。整个事情的背后就是对死亡的恐惧。我们是为了这个自我的死亡而恐惧不安，惊慌，焦虑。但是，如果完全放弃希望，完全放弃在当下之外另想办法的希望，我们就会和自己的生活建立起快乐的关系——诚实而直接的关系，一份不再忽视无常与死亡的关系。

第八章 八种世间法

我们或许会觉得自己必须根除这些苦与乐、得与失、宠与辱、毁与誉等等感觉。但是，更实际的做法应该是去了解这些东西，看看这些东西如何吸引我们，如何熏染了我们对实相的观点，而它们又是如何的虚幻。

然后，这八种世间法就会变成生慈心、长智慧的工具，而使我们活得更善良、更知足。

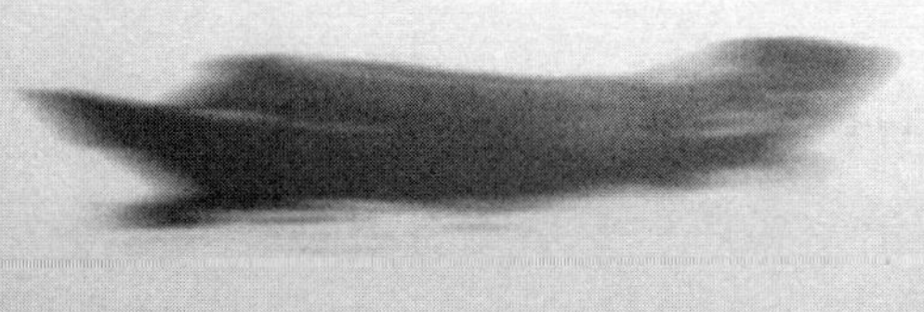

佛法中有关希望与恐惧的古老教诲称作“八种世间法”。八种世间法就是四组相反之物——四种我们喜欢、执著的东西，加上四种我们不喜欢、总想逃避的东西。这里面的信息就是，我们只要陷在这八种世间法中，就会受苦。

首先，我们都喜欢快乐，都执著于快乐，反之，我们都不喜欢痛苦。第二，我们都喜欢别人赞美我们，而逃避批评或责难。第三，我们都喜欢且执著于名望，而不喜欢耻辱，总想逃避失宠的那份羞辱感。第四，我们都执著于得，想得到自己想要的东西，既有的也都不想失去。

根据这一则简单的佛法，沉溺在痛苦和快乐、得与失、名声与耻辱、赞美与谴责这四种对立物中，我们才会不断地轮回。

每次感觉很开心的时候，我们心里想的一定是自己喜欢的东西，譬如赞美、有所得、享乐、名声。要是觉得不安、愤怒、厌烦，我们心里的念头和情绪很可能是绕着痛苦、失落、耻辱或谴责等等在打转。

就拿赞美和谴责来说好了。假设有人对我们说“你老了”，如果我们刚好希望自己能老一点，我们就会觉得很棒，觉得自己受到了赞美。这时我们会觉得快乐，感觉有所得而倍感光荣。但如果这一年来我们刚好一直在烦恼着脸上的皱纹，那么我们就会觉得受到了侮辱，遭到了他人的谴责，于是随之而产生痛苦。

即使不再进一步引申这一则佛法，我们也都看得出来自己的心境和我们如何看待事物有关。仔细观察我们心境的变化，我们会发现它们其实早就由某个东西引发了。我们早就怀着自己主观的现实不断驱动着情绪上的反应。如果有人对你说“你老了”，我们立刻就会进入某种心境——不是快乐，就是悲伤；不是开心，就是生气。但是对另外一个人而言，这句话却可能不痛不痒。

讲话，收到信件，打电话，吃东西，发生了一些事情或没发生事情。早上我们醒来，睁开眼睛，接着事情一件一件地发生，直到一天终了，上床睡觉为止。但是晚上睡觉时还有许多事在发生。一整晚我们都在梦中和各种人、事相会。我们对这些事物的反应是什么？我们是不是执著于其中的某些经验？我们是不是在拒绝或逃避其他的经验？我们对这八种世间法的执著到了什么样的程度？

讽刺的是，八种世间法其实是我们自作自受的。我们为自己的遭遇制造出了这些反应，然而这些反应本身并不具体。更奇怪的是，连我们自己都不是那么具体。我们对自己都有先入为主的概念，我们时时刻刻都在重建这些概念，时时刻刻都在反射式地保护这些概念。然而这些概念其实是很值得怀疑的。这些概念根本就是“无事忙”，根本就是随起随灭的幻象，我们却为了它们而忙进忙出。

我们或许会觉得自己必须根除这些苦与乐、得与失、宠与辱、毁与誉等等感觉。但是，更实际的做法应该是去了解这些东西，看看这些东西如何吸引我们，如何熏染了我们对实相的观点，而它们又是如何的虚幻。然后，这八种世间法就会变成生慈心、长智慧的工具，使我们活得更善良、更知足。

静坐的时候我们会发现，自己的情感、情绪，与得失、宠辱、毁誉等是息息相关的。我们会发现一开始生起的只是一个念头或一种能量，接着很快地就被扩大成快乐或痛苦，因为我们总是希望事情落在乐、宠、誉、得这一边，所以，当然我们得具备某种程度的无惧。我们有各种情绪变化和情感反应，它们来来去去，无休无止。

有时候我们会发觉自己完全陷在剧情中。我们愤怒的程度就好像有人走进屋里朝我们脸上打了一记耳光一样，这时候我们会突然想：“等一下，怎么搞的？”我们仔细一想，就会发现那份失落感或羞耻感是无中生有的。我们不知道这个念头是从哪里来的，然而我们就是会被这八种世间法“勾摄”住。

这时候我们应该去感觉一下那股能量，尽全力去化解当时的念头，让自己暂停一下。在那些庸人自扰的烦恼之外，还有一片广阔的天空。就在暴风雨的中心，我们可以把这一切都丢掉，放松下来。

有时候我们也会陷在快乐或喜悦的幻想中。我们仔细一看就会发现，不知道为什么我们就是觉得自己得到了什么东西，赢得了什么东西，为了什么事而受到了赞美。那些从心底涌出的东西如同梦境一般，完全没办法控制，完全无法预料。总而言之，我们就是被八种世间法勾摄住了。

人是很容易预料的。一个小小的念头冒了出来，然后开始扩大，我们还不知道究竟是什么东西打击到我们，就已经陷入了希望与恐惧中。

公元 8 世纪时，一个伟大的人把佛教传到了西藏。这个人就是莲花生大士，又称上师仁波切。传说有一天早上他坐在池中的莲花上，就这样来到了世间。据说这个不凡的小孩从一出生便完全觉醒了，他从出生的一刻就了解到所有的现象——不论内在还是外在——都不是真实的。他只是不知道日常生活的事物该如何运作罢了。

他是个很好奇的小孩。从第一天他就发现，因为自己的风采和美，每个人都被他迷住了。每次只要他开心、快乐，大家就跟着快乐起来，而纷纷赞美他。国王非常喜欢他，让他住进宫里，视同己出。

有一天，他拿着国王的令牌和响铃跑到王宫的屋顶上游玩。他在屋顶上跑着跳着，摇铃挥杖，十分高兴。后来由于好奇，他把令牌和响铃往天空一丢，结果令牌和响铃掉到王宫外面的路上，砸死了路人。

国人都觉得很愤慨，同声要求国王驱逐他。那一天，他被送到了荒野，没有行囊，也没有吃的东西。

这个好奇的小孩此刻学到了俗世运作重要的一课。故事中说到，他在这么短的时间里所尝到的誉与毁，已经足以使他明白俗世的运作是怎么一回事了。从那时候开始，他就放弃了希望和恐惧，欢欢喜喜地从事唤醒世人的工作。

我们也可以这样利用我们的人生。我们可以探索自己所做的每一件事中的二元对立。与其自动落入惯性反应，我们不妨开始注意别人称赞我们的时候，自己会有什么反应；别人责怪我们的时候，自己又有什么反应。我们有所失、有所得的时候会有什么反应？感觉痛苦或快乐时，这份感觉是一生起就结束了，还是后面有一整本的剧情要上演？

我们如果能怀着孩子一般的好奇心去探索这些事情，观察这些事情，并且看到自己和自己的所作所为，那么，原先的问题就会变成智慧的源头。奇怪的是，这份好奇心竟然会斩断我们所谓的自我的痛苦或自我中心，使我们看得更清楚。

我们通常都会随着快乐或痛苦而呈现两极化的摆荡。我们会落入惯性模式而完全不自觉。在我们发现真相之前，我们已经捏造出某人是对的以及我必须如何如何的剧情。然而，我们一旦看清楚这整个过程，我们的心就会轻松起来。

我们很像小孩子在沙滩上筑城堡一样。我们用漂亮的贝壳、浮木、玻璃等装饰这一座沙堡。这一座沙堡是我们的，别人不能碰。要是有人想把它弄坏，我们一定会攻击他。不过我们虽然这么执著，还是知道潮水终究会把它冲走。关键在于尽情享受但不执著，时间到了，就让它回归大海。

让事物离去，有时候叫做不执著，但是又不带有这三个字常令人联想到的冷漠感。这种不执著是更友善、更亲切的，那是一种想要知道什么的欲望，就像三岁小孩提问题的态度一样。我们想了解痛苦，免得一直逃避。我们想了解快乐，免得一直抓着不放。所以我们的问号越来越大，我们的好奇心越来越强。我们想了解“失”，这样我们才能明白别人面对生活瓦解时是什么感觉。我们想了解“得”，这样我们才能领会别人的欢乐，以及他们的傲慢和得意忘形。

我们越是能洞悉自己的真相，就越是能慈悲对待自己，而且自然能够以温柔的态度对待人类。一旦了解了自己的困惑，我们就会愿意帮助别人解除疑惑，即使玷污自己的手都没关系。如果我们不观察自己的希望和恐惧，不观察意念的生起和意念生起之后的连锁反应——如果我们不接受这一股能量的磨炼，不淋漓尽致地演出这一场大戏，我们就会感到恐惧。我们生活的世界、我们接触的人、出现在大门口的怪兽——所有的事物都会变得很恐怖。

所以我们一开始只是单纯地观察自己的情绪和心念。刚开始观察自己的心念，可能只是因为我们自觉不妥或痛苦，而想要反省自己的行为。但是渐渐的，我们会越来越纯熟。我们开始发现别人和我们一样，也都被八种世间法勾摄住了。不管在什么地方，我们都看到人们因为八种世间法而感到痛苦。显然人人都需要帮助，但是如果不从自己开始，别人也无从受益。

于是我们修炼的动机开始改变了。我们开始为了别人而变得驯服、讲理。虽然我们还是想了解心智是如何运作的，而世俗又如何蒙蔽了我们，然而我们已经不只是为自己，而是为朋友、为孩子、为我们的老板——为整体人类的困境而修炼。

第九章 六种孤独

我们往往会把孤独当做敌人看待。

孤独所造成的心痛绝不是我们想要的东西，

那是一种焦虑不安、严阵以待、急于逃亡，而又想找个人或找样东西来陪伴我们的感觉。

但是，如果我们能安于中道，我们就会跟孤独建立起友好的关系。

这份轻松而又清凉的孤独感，将彻底翻转我们平日的恐惧。

“中道”是没有规则的（译注：参照禅宗《信心铭》中所说的“究竟穷极，不存规则”）。没有规则的心不会想要化解自己，它既不固定，也不抓取什么。但是，我们怎么可能没有规则呢？没有规则无异于改变我们平日习以为常、根深蒂固的反应模式：我们总是希望或左或右都能行得通。如果我无法往左或往右走，我就会死！没有左边或右边可以去，我们就像置身戒毒中心一样，毒瘾发作却没有毒可以吸。我们变成了废物，一直想往左走或往右走来逃避心里的焦虑。这份焦虑感觉起来可真沉重。

然而，那么长久以来的偏左或偏右，坚持是或不是，对或不对，我们事实上也没改变什么东西。追求安全的结果只得到了短暂的快乐。这很像打坐时换姿势一样。我们盘腿坐下来，脚酸了就换姿势，换了我们就觉得：“哇！真轻松！”可是要不了几分钟，我们又会开始想换姿势。我们换来换去，只为了追求快乐，追求舒适。可是我们得到的满足却是很短暂的。

我们听说过太多有关轮回的痛苦，也听说过太多有关解脱的事，但是我们却很少听说从卡住到解脱有多痛苦。解脱的过程需要极大的勇气，因为基本上我们得彻底改变我们觉知现实的方式，简直就像改变自己的一样。我们想要改变的模式并不只是我们自己的模式，而是全人类的模式——我们在这个世界投射了无数解决问题的方法。我们应该有更白的牙齿、没有杂草的草坪、不需要再奋斗的人生，以及不再窘困的生活。从此以后我们就可以永远过着快乐幸福的日子了。这种模式使我们永远不满，而且造成了极大的痛苦。

生而为人，我们不但事事寻求解答，还认为自己应该得到解答。然而，我们不但无法得到解答，还为了得到解答而吃尽苦头。我们无法得到解答的原因是我们应该拥有比它更好的东西。我们应该拥有自己与生俱来的权利，那就是中道。中道是心的开放状态，这样的心能轻松面对矛盾和暧昧不明的状况。因为我们多少都在逃避不确定，很自然便产生了退缩症候群——因为一直认为自己有问题，所以需要某地的某人来对治一番，而产生了退缩。

中道全然开放，不过却很艰苦，因为中道完全违反了自古以来人类共有的神经质模式。只要一觉得孤独或感到绝望，我们就会想要往左或往右靠拢，而不想坐在那里感受自己的心境。我们不想戒毒，可是中道却鼓励我们戒毒。中道鼓励我们唤醒每个人——包括你们和我——本具的勇气。

静坐提供了一个方法，让我们接受中道的磨炼——留在原地，不再逃避。不管心里生起什么东西，都不加以评断。事实上，中道鼓励我们不论心里生起什么东西，都不要紧抓不放。平常所谓的好、坏，都当做意念来看，不要演出是非论断的戏码。老师要我们觉知意念的来去，就像用羽毛轻轻地碰一下泡沫那样。这种简单清楚的方法使我们不再挣扎，因而发现了一种清新的、不偏颇的存在方式。

孤独、沉闷、焦虑等情绪总是令我们欲去之而后快。如果我们无法轻松面对这类情绪，就很难维持中道。我们要的是输赢、毁誉，譬如，有人遗弃了我们，我们会很不愿意面对那种赤裸裸的不舒服感。我们会替自己捏造受害者这种身份，然后就想尽办法发泄情绪，或者告诉对方他有多糟。我们不由自主地想以各种方式来掩饰痛苦，因此总是认同胜利或受害的偏见。

我们往往会把孤独当做敌人看待。孤独所造成的心痛绝不是我们想要的东西，那是一种焦虑不安、严阵以待、急于逃亡，而又想找个人或找样东西来陪伴我们的感觉。但是，如果我们能安于中道，我们就会跟孤独建立起友好的关系。这份轻松而又清凉的孤独感，将彻底翻转我们平日的恐惧。这种清凉的孤独有六种描述方式：寡欲、知足、不从事不必要的活动、圆满的纪律、不流连于欲望世界、不借散漫的意念寻求安全感。

如果我们内心的一切活动都在渴望有个东西来改变我们的心境，替我们打气，而我们却愿意不寻求解答，谨守孤独，那么这就是寡欲。练习这种孤独可以播下安心的种子，消解我们的根本焦虑。譬如，静坐的时候，每当有妄念生起，我们就告诉自己那是“念”，而不让妄念带着我们团团转，这就是在接受“安住于当下，不跟当下分离”的训练。然而昨天或者前天，上个礼拜或去年，我们还不愿意这么做，所以我们现在做不到。不过一旦全心全意地练习寡欲，事情就会开始转变。我们会感觉自己比较不受“重要剧情”的诱惑。虽然我们还是非常孤独，虽然我们只能安坐两秒与那不安共处，但毕竟昨天我们只能安坐一点六秒。这就是精神勇士之道。这就是勇气之道。我们越是能够不失控、不疯狂，就越能体会清凉孤独中的满足。片桐禅师（Katagiri Roshi）常说：“人可以孤独而不被孤独动摇。”

第二种孤独叫做知足。人一旦一无所有，也就没什么好失去的了。我们事实上并没有什么好失去的，只是我们被设定成有许多东西可以失去。这种感觉都源于恐惧——恐惧孤独，恐惧改变，恐惧事情解决不了，恐惧自己不存在。我们一方面希望自己能逃避这份感觉，一方面又怕逃避不了——于是希望和恐惧就变成了我们的规则。

如果在人生脚本中间画上一条线，假设我们的立场是偏右的，我们就认为自己已经很清楚自己是谁了。或者我们的立场偏左，我们也会对自己是谁有一份确定感。可是如果我们不靠边站，我们就不知道自己是谁了，我们就不知道该怎么办了。我们失去了规则，失去了可以紧抓不放的手。这个时刻我们可能会抓狂，也可能安下心来。知足是孤独的同义词，清凉的孤独，在清凉的孤独中安下心来。安下心以后，我们就不再相信逃避孤独可以带来永久的幸福、快乐、平安、勇气或力量。通常我们必须放弃这种信念千百万次，一次又一次地和自己的神经过敏及恐惧修好，同样的事情做个千百万次，但是要带着觉知。如此这般，直到有一天，可能连我们自己都没注意到，某些事情便默默地改变了。这时我们已经可以安于孤独而不另寻慰藉，知足地处在当下的心境和质感中。

第三种孤独是避免不必要的活动。如果我们的孤独非常炙热难挨，我们就会寻找出路，寻找一些东西来解救我们。我们一旦有了所谓孤独这种不安的感觉，我们的心就开始发慌，想找个同伴来解除我们的绝望。这就叫做不必要的活动。不必要的活动为的是让自己忙碌，免得感到痛苦。这种不必要的活动，有时候是过度期待爱情，有时候是把小小的一句闲话传成了晚间新闻，有时候则是只身进入荒野。这些活动里都有一个东西，那就是照我们往常的习惯寻找同伴，照我们的老套拉开自己和孤独这个妖魔的距离。但是，我们能不能定下心来，对自己保持一份慈悲和敬意？我们能不能不要逃避和自己独处的机会？感到惊慌时，能不能练习不逃脱，不抓取什么？轻松面对孤独是一件有价值的工作。日本诗人良宽说："想要寻找意义，就不要追逐那么多东西。"

第四种清凉的孤独就是完全的纪律。完全的纪律指的是，只要一有机会，我们就愿意回过头来轻柔地安住于当下。这就是通过圆满的纪律所呈现的孤独。我们愿意坐在那里，孤独地一个人坐在那里。这种孤独是不需要刻意培养的。我们可以安静坐着，一直坐到了解事情实际上是怎么一回事为止。我们每个人基本上都是孤独的，不管在哪里，我们都没有东西可以攀缘。然而，这并不是问题，因为这样才会让我们发现一个完全真实的存在状态。我们那些习惯性的假设——我们所有的观念——都让我们没办法用清新的、开放的眼光看待事物。我们常说："噢！是的，我知道了。"但是我们并不知道。在根本上，我们什么都不知道。凡事都没有定论。这个真相可真棘手，我们很想逃跑。但是，要了解我们生活中种种无解时刻的奥妙，回过头来轻松面对孤独这令人熟悉的东西，却是一个很好的方法。逃避孤独这深奥的无解状态，就是在欺骗自己。

第五种孤独是不流连欲望世界。流连欲望世界就是寻找出路，寻找某样东西——食物、酒、人——来安慰我们。欲望这个词包含了一种上瘾的意味——因为想让情况变得好一些，所以就想尽办法抓住某样东西。会有这种上瘾的欲望，是因为没有成长。我们还是想“回家”，还是希望回到家一打开冰箱就有我们喜欢吃的东西。如果没有，我们就开口叫妈！然而，在道途上前进就是要离开家，要无家可归。不流连欲望世界意味着正视事物的真相。孤独根本不是问题，它是不需要解决的。我们所有的经验都不是问题。

不借散漫的意念寻求安全感是另一种清凉的孤独。脚下的地毯已经被抽掉了，胜负已经分晓，我们没有路可以再逃了！我们甚至不再从喋喋不休的自我对话中的是或不是、如何或不如何、应该或不应该、可以或不可以来得到慰藉。有了清凉的孤独，我们就不再寄望从自己内心的喋喋不休获得安全感。所以我们才说替这些东西标上“念”就够了。这些妄念并没有客观的真实性，它们是透明的、不可捉摸的。我们只需要稍稍和它们接触一下，就立刻放掉它们，而不要无事忙。

清凉的孤独让我们诚实而不带侵略性地看着自己的心念。我们可以逐渐放下心中的那些理想——譬如我们应该要成为什么样的人或想要变成什么样的人，或者别人可能会认为我们想要变成什么样的人、应该变成什么样的人。我们可以放下这种种的理想，慈悲而幽默地直觑自己的真相。这时，孤独就不再是威胁，不再是心痛，不再是惩罚了。

清凉的孤独不给我们解答，不为我们提供依恃。清凉的孤独向我们挑战，要我们跨进没有规则的世界，跨进不偏于一边、不选择固定见解的世界。这就是中道，也是精神勇士的圣道。

早上醒过来，不知道为什么，就是觉得疏离、孤独，这时你能不能把它当做大好机会？不要去困扰自己，也不要认为出了什么严重的问题。在这个哀伤而又充满渴慕的时刻，你能不能放松下来，接触一下人类内心的那个无垠的空间？下次如果有机会，请你试试看。

第十章 对生命好奇

在日常生活中体认无常、苦、无我，
并且要对自己的反应追根究底。
弄清楚安详是怎么一回事，
弄清楚我们的根本心境是否真是喜悦的。

当生命陷落时

我们的生命有三则真理——传统称之为“三法印”：无常、苦、无我。这几个名词虽然道尽了生命最深的本质，却令我们感到备受威胁。我们很容易就认为无常、苦、无我这样的观点是有问题的，然而这就等于是认为我们根本的处境是不妥的。但是，无常、苦、无我并没有什么不妥，甚至还值得庆幸。我们根本的处境其实是喜悦的。

无常乃是真正的善。四季不断地变化，冬变成春，春变成夏，夏变成秋；白天变成黑夜，光明变为黑暗又变为光明——一切都在不断地演化。无常乃是万物的本质。宝宝变成了小孩，小孩变成了少年，少年变成了大人，然后又变成老人，最后死亡。这就是无常。离合是无常。恋爱又失恋是无常。无常永远是苦乐参半的，就像是买了一件新衬衫，几年后却发现它已经变成百衲被的一部分了。

可是我们并不尊重无常。我们不喜欢无常。事实上无常使我们深感绝望，我们视其为痛苦的根源。我们抗拒无常而制造了一些持久——甚至是永久——的东西，譬如免洗餐具、免烫的裤子等等。我们努力否定事情永远在变，在这个否定的过程中我们逐渐失去了生命的神圣感。我们似乎忘记了自己本是自然体系的一部分。

无常乃是和谐的本源。只要不抗拒无常，我们就能安于实相。有许多文化都在歌颂这份联结，通过各种仪式来表现生死、离合、参战、战败、胜利等人生的变迁。我们也可以像这样承认、尊重和赞美无常。

然而苦又是怎么一回事呢？我们为什么要赞美苦？赞美苦听起来好像被虐狂一样。我们的苦多半源于恐惧无常，我们的痛苦总是根源于片面的、偏颇的现实观。谁说我们可以只有快乐而没有痛苦？可是全世界每个人都这么说，我们也就接受了。然而痛苦和快乐是分不开的。两者都值得赞美，都是极为平常的事物。生是痛苦而又快乐的，死也是痛苦而又快乐的。事情结束了，就是另一件事的开始。痛苦不是惩罚，快乐也不是奖赏。

心灵启示与不幸是不可分的。但是每次碰到痛苦，我们总是想去之而后快，而不想观察痛苦和快乐是怎么相互作用的。重点不在于培养其中的一样来反制另一样，而是要弄清楚这种相互的作用和我们自身处境的关系。心灵启示和不幸相辅相成。若只有心灵启示，我们会傲慢；若只有不幸，我们会失去憧憬。心灵启示鼓舞我们，使我们了解这个世界有多么广大、多么奇妙，不幸则使我们谦卑。心灵启示使我们和这个世界的神圣性相连，但是如果情势逆转，不幸也能够使我们柔软下来，让我们的心成熟。不幸也可以是了解别人的一种基础。心灵启示和不幸都值得赞美。我们可以既伟大而又渺小。

那么，无我也值得赞美吗？我们往往认为无我就是巨大的失落，其实无我是一种获得。承认无我——我们的自然状态——就像视力失而复得，就像听力失而复返。无我好似太阳的辐射，太阳并不是一个固体，但是太阳的光线总是向外照射。同理，当我们不再只是关心自己，觉醒很自然就会照射出来。无我相当于本善或佛性，那是一种无条件的存在。这种存在我们本自具足，从来不曾失去。

我们不妨将自我界定为遮蔽本善的东西。从经验的层面来看，自我遮蔽的到底是什么东西？自我遮蔽了我们当下的经验，使我们无法与自己当下的经验产生联结。无我就是对世界的神圣性怀着最彻底的信心的一种心态。那是一种无属性的幸福感，它可以包容各种不同的经验，而又能处在无条件的喜悦中。

所以我们要如何在日常生活中赞颂无常、苦、无我呢？当日常生活呈现出无常时，我们就认清那即是无常。我们不需要寻找特殊的时机去认清无常。你在写一封很重要的信，写到一半墨水没了，这就是无常，也是整个生命循环的一部分。小孩子出生了，认清这就是无常。汽车被人偷走了，认清这就是无常。恋爱了，认清这就是无常，并且让它强化我们对生命的珍惜。一段关系结束了，认清这就是无常。每一天从睡醒到入睡，甚至在梦中，我们都可以看到各种无常的实例。这是二十四小时都要进行的修炼。认清无常即是无常。

然后我们可以再看看自己对无常的反应。这时好奇之心就产生了。通常我们对日常事件的反应都是习惯性的，我们也许高兴，也许不高兴，也许兴奋，也许失望。这里面没有智慧，没有欢愉。但是，一旦认清无常即是无常，我们就可以同时观察自己对于无常的反应。这就叫做正念、觉察、好奇、探索、注意。但不管叫做什么，观察自己对无常的反应是很有益的，这么做可以帮助我们了解自己。

生活中出现了苦，我们就认清那是苦。我们遇到己所不欲的事情，得不到自己想要的东西，生病了，老了，接近死亡了——自己生活中如果发生了这些事，我们都可以观察苦之为苦是怎么一回事。接着我们可以好奇、注意、觉察自己对苦的反应。通常我们的反应会是怨恨或觉得上当受骗，有时也会觉得开心。但是，不论我们反应如何，都只是一些习惯罢了。因此我们可以看看自己接下来的冲动，看看自己如何制造出苦的副产品。这些副产品既不好也不坏，只不过是我们对苦或乐的一些惯性反应罢了。我们只是单纯地看着这些反应，既不加以评断，也不净除它们。

当无我的状态出现时，我们就认清那是无我——在这清新的一刻，我们会觉察到一丝气味、一个景象、一种声响，感觉到某种思绪、情感，而不躲到狭隘的自我中。我们一旦体验到生活中的空性，觉知到自己喋喋不休的自我对话有时停了下来，发现自己注意到近在眼前的事物，发现自己以新鲜的、清澈的、未加修饰的觉察力觑透了实相，那一刻就是我们认出无我的时刻。所以无我不是什么大不了的事。只要我们的知觉是清新的、开放的、愉悦的，我们随时都能认出无我。奇妙的是，即使我们不知道眼前发生了什么事，即使失去了规则，受到了震惊，脑筋一片空白，我们仍然能体验到无我。这时我们可以观察一下自己的反应。有时候我们会更加开放，有时我们却封闭住自己。但是不论如何，只要生活中一出现无我的情况，我们就认清那是无我。我们可以注意、好奇、觉察自己的反应和接下来所发生的事。

安详通常被视为存在的第四个法印。这里所指的安详不是与战争相反的和平，而是了解了所有的对立物都是相辅相成以后所得到的祥和。有美必有丑，有对必有错，智慧跟愚昧是分不开的。这已经是很古老的真理了——你我这样的人很早以前就知道这则真理了。培养须臾不离的好奇心，我们会发现自己每天都能拥有这份安详。

因此，不要认为凡事都是理所当然的，不要全盘相信别人告诉你的话。我们不应该落入嘲讽或容易上当的反应，而要真正活出佛法的精神。在日常生活中体认无常、苦、无我，并且要对自己的反应追根究底。弄清楚安详是怎么一回事，弄清楚我们根本的心境是否真是喜悦的。

第十一章 不侵犯与四魔障

所有的魔障都指出放下即是彻底觉醒之道，

时时刻刻随着气息的呼出而死亡，

我们就会完全觉醒。

一旦觉醒，我们就可以全然活着而不再趋乐避苦，

即使生命陷落时也不必重塑自己。

悟道的那个晚上，佛陀坐在树下，受到了魔王大军的袭击。传说魔王用刀箭射向佛陀，然而刀箭一射出去就变成了花朵。

这个故事的意思到底是什么？以我个人的了解，这个故事的意思是，我们习惯上认为是魔障的东西，其实并不是我们的敌人，而是我们的朋友。我们所谓的魔障，其实是这个世界和我们全部的经验提醒我们卡在何处的一种方式。看起来像是刀箭的东西，体验起来却像是花朵。某件事情对我们而言到底是魔障，还是敌人，或者是师友，完全取决于我们对实相的觉知，取决于我们和自己的关系。

佛法说，魔障有外在的障碍，也有内在的障碍。以这样的脉络来看，外在的障碍就是觉得有某个外面的人或事在伤害我们，破坏我们的和谐与安详。某个坏蛋毁了我们的一切。这种障碍感通常发生在关系的互动和其他的情况中。我们感觉失望、受伤、疑惑、受到了打击。从有时间以来，这种感觉就是人常有的。

至于内在的障碍，除了自己的疑惑之外，恐怕再也没有别的东西在妨碍我们了。除了我们想保护自己、不希望别人伤害我们之外，也许根本没有什么具体的障碍。不喜欢自己现在的状况，希望它快点结束——这大概是我们唯一的敌人吧！但是，从修行中我们发现，除非我们学会了必须学会的功课，否则障碍是不会消失的。即使我们以每小时一百里的速度跑到美洲大陆的另一端，还是会发现同样的问题。这些问题会一再地以新的名称、形式和显化而重复出现，直到我们认清自己在什么地方偏离了实相，认清自己碰到事情就退缩而无法完整地体验自己所遭遇的一切为止。

创巴仁波切有一次问我们学生说："你们碰到无法忍受的事情会如何反应？面临危急的时候会怎么样？"我们坐在那里，不知道怎么回答。于是他逐一点名，要我们回答。因为我们很害怕，所以回答得都很真实。我们每一个人说的都差不多——大意都是不希望别人伤害我们，我们会很混乱，完全忘记了平日修持的东西，只剩下了惯性反应。那一次之后，每当我们感觉自己受到攻击、背叛，或是感到疑惑而无法忍受、接纳眼前的情况时，不用说，我们都能很清楚地看到自己的反应了。我们到底是封闭的，还是开放的？我们是难过、生气的，还是终究柔软了下来？我们是增长了智慧，还是反而变得愚昧了？受苦是令我们更加了解人性，还是反而更不解？我们对这个世界到底是更加苛刻，还是更加宽容？我们是被那些刀箭刺穿了，还是把它们变成了花朵？

佛法描述各种魔障的本质，也说明人类总是容易变得困惑，因而失去了本慧以及对本慧的信心。有关魔障的教诲，阐述了我们逃避现况的几种常见方式。

魔障有四种，第一种叫天魔（devaputra mara），第二种叫蕴魔（skandha mara），第三种叫烦恼魔（klesha mara），第四种叫死魔（yama mara）。“天魔”和追求快乐有关。“蕴魔”指的是我们总想重塑自己，争回立足之地，变回我们心目中的自己。“烦恼魔”指的是我们总因为情感而愚昧昏聩。“死魔”指的是我们对死亡的恐惧。这四种魔障指的都是那些似乎不断在攻击我们的东西。当初佛陀所经验的也就是这四种魔障。

天魔指的是对快乐的追求。天魔的作用是这样的：每当我们感到不安、尴尬的时候，每当痛苦以任何一种形式示现在我们面前，我们都会急着想逃跑来恢复安适的感觉。我们不管遇到什么障碍，那个障碍都有力量把我们脚下的毯子抽掉，把我们误认为安全与确定的泡影戳破。每次受到这样的威胁，我们都无法忍受那份痛苦、焦虑或反胃的感觉，无法忍受愤怒的炙热感或是怨恨的苦涩感。所以我们就开始想办法抓住快乐的事物，我们一味地趋乐避苦，我们总是依循这种可悲的习惯作出反应。

“天魔”是我们对“逃避痛苦”上瘾的写照。每次一有痛苦，我们就一再寻找别的东西来把痛苦掩盖。我们喝酒，吸毒，嚼口香糖，听音乐，甚至静坐都被我们用来逃避生活中的不悦、尴尬与各种尖锐的情境。有人对着我们投刀射箭，我们不但不把它们变成花朵，还想尽办法躲避，逃跑。显然，趋乐避苦的方法实在太多了。

当然，这并不意味着我们应该把追求快乐视为一种障碍。因为从追求快乐之中，我们也可以观察到自己面对痛苦的各种造作反应。与其逃避不安和慌乱，我们反而应该打开心胸，面对人类的进退两难之局。人类的进退两难之局已经在这个世间制造了太多的痛苦。我们会发现，将天魔之箭变成花朵的方法，就是睁开心眼看看自己在如何逃避痛苦。让我们以无比温柔而又透明的心来看看自己有多么脆弱。我们可以通过这样的方式发现，那些看起来丑陋的事物其实就是智慧的源头，也是让我们和自己的本慧重新衔接的通道。

蕴魔指的是我们脚下的毯子被抽走以后的反应。这时我们的感觉是自己已经失去了所有美好的东西。我们从自己的巢里摔了出来。我们在太空中航行，却不知道接下来会发生什么事。我们进入了荒无人烟之地：本来我们什么都有，一切都很顺利，突然间就像原子弹落了下来，我们的世界粉碎了，我们完全不知道接下来会如何，甚至不知道自己到底身处何方。于是我们开始重塑自己。我们尽己所能回归本有的自我概念，把它当成坚固的基础。创巴仁波切说这就是“对轮回的怀旧之情”。

当自我的世界崩解时，我们才终于得到了修行的大好机会。然而，我们并不信任自己的本慧，所以不敢安住在那个崩解的状态中。我们产生了惯性反应，一味地想把自我找回来——连自己的愤怒、不快、恐惧、困惑都想找回来。我们如此这般重塑自己坚实不变的人格，如同米开朗基罗将大理石凿出人像一般。

蕴魔与其说是悲剧或通俗剧，倒不如说是情景喜剧。就在我们终于有机会可以领悟某些事情，真的愿意敞开心胸、认清事实之际，我们却转身戴上了格劳乔·马克思（Groucho Marx）的小丑眉毛和大鼻子。我们不肯开怀大笑，或者不肯立即放下，因为我们可能会发现一些东西——但是天晓得那会是什么。

同样的，我们也不必把这样的过程视为障碍或问题。这样的过程感觉上纵然像是刀箭，可是如果我们把它当成一个机会，来了解自己如何一再地试图重塑自己，那么刀箭就会变成花朵。我们可以让自己开放地探索接下来可能发生的事。与其挣扎着找回自我概念，我们其实可以进入那种一无所知的心境，那就是我们的本慧。

烦恼魔指的是那些强烈的情绪。当一股单纯的情绪生起时，我们通常无法任由它去，反而会开始慌张。我们把自己的妄念编成了剧本，因而制造了更强烈的情绪。我们不是用开放的态度来面对自己不悦的情绪，而是拿出风箱对着它猛灌风。我们用自己的妄念和情绪来维持它的火焰及热度，我们不让它离开。

当一切都崩解的时候，当我们感到疑虑、失望、震惊、尴尬时，我们的心就会变得非常清楚、非常清新，而不偏颇。可是我们看不到这一点。我们反而觉得自己如同进入了荒原一般，充满着惊慌和疑虑。我们夸大自己的情绪，跑上街头摇旗呐喊，说一切都糟透了。我们挨家挨户地敲门，要求别人签署请愿书，直到人类大军都赞同了我们的观点，认为世界一无是处为止。我们已经忘了自己从静坐中学习到的事物真相。强烈的情绪一旦生起，我们原本执著的教条和信仰，相形之下立即变得很可怜，因为那些情绪实在太强烈了。

就这样，一开始是广大的开放空间，最后却变成了森林大火，变成了世界大战、火山爆发或海啸。我们都在“利用”自己的情绪。我们做不到任其来去，却利用它们来夺回我们的安全感，企图让一切事情都在预料之中，并且一味地蒙蔽事情的真相。事实上我们可以安坐在那里让情绪过去，既不需要谴责，也不需要替自己辩护。只是我们不但不这么做，还要火上浇油，借着这些情绪让自我变得更坚实一些。

我们实在没有必要认为这样的过程是障碍或是问题。我们要是能看清楚情绪的狂野不羁，就会开始善待自己，对自己温柔，而且会善待别人，乃至于对所有生命都温柔以待。这时我们就会开始察觉，自己因为不肯安于一无所知所带来的疑虑、尴尬和痛苦，所以一再地造作出一些愚昧的行径。这份觉察会使我们对自己和别人生起真正的慈悲心，因为这时我们已经看到生命陷落时所发生的事，以及我们心中所生起的反应。因为这份觉察，刀箭才变成了花朵；因为这份觉察，那些丑陋的、困扰的、要不得的事情才变成了我们的老师。

我觉得，所有的魔障都根源于对死亡的恐惧。不过，死魔尤其如此。从轮回的观点来看，我们所谓的美好生活，通常指的是我们已经得到了整合。我们终于开始感觉自己是个好人，品行良好，个性祥和，要是有刀箭射在我们身上，我们也不会因此而失去平衡。我们已经懂得把刀箭变为花朵。我们觉得自己幸福得不得了，所有松掉的线头都绑起来了。我们很快乐，觉得生命就是这么一回事了。

我们以为只要自己时常静坐、慢跑、饮食合理，一切都会归于圆满。然而从觉醒者的观点来看，这却是死亡。在追求安全或完美的过程中，一旦感觉肯定、完整、自给自足、安适，便开心起来，这就算是一种死亡。这里面没有新鲜的空气，没有空间容许别的东西来打断一切。我们因为企图掌控自己的经验而把“当下”这一刻谋杀了。这么做无异于自寻烦恼，因为我们迟早会碰到自己无法掌控的事：房子失火；

挚爱的人死了；发现自己得了癌症；被屋顶掉下的砖块砸到头；有人打翻了番茄酱罐，酱汁溅到我们的白西装上；已经到了自己最喜欢的餐厅，却发现餐厅当天休业。

生命的本质总是充满着挑战的。生命有时候甜蜜，有时候苦涩。你的身体有时紧张，有时轻松开放。你有时候头痛，有时候又觉得自己百分之百健康。从觉醒的观点来看，把松掉的线头绑起来其实是一种死亡，因为这么做，排除了许多生命基本的经验。把所有崎岖不平的地面铺平——如此对待生命其实是一种侵犯。

要想彻底活着，做个完整的人，或是要想完全觉醒，就得不断地被抛出巢外，不断地进入无人之境，保持清新，鲜活地体验每一个当下。活着，就是要一次一次地死去。从觉醒的观点来看，这就是人生。死亡就是抓住已有的东西不放，希望每一次的经验都向你保证、祝贺，让你觉得自己完全没事。所以，我们虽然说死魔就是恐惧死亡，但实际上是害怕活着。

我们要求完美，却老是看到自己的缺点，我们无法逃避这个事实，我们没有出口，也无处可逃。刀箭就在这个时候变成了花朵。如果我们和自己看到的东西合而为一，和自己感觉到的东西合而为一，也就开始和自己的本慧衔接了。

如果没有这四魔障，佛陀会不会觉醒？没有这四魔障，他会不会证悟？四魔障为他示现了他自身的真相以及真理，它们难道不就是他最好的朋友吗？所有的魔障都指出放下即是彻底觉醒之道，时时刻刻随着气息的呼出而死亡，我们就会完全觉醒。一旦觉醒，我们就可以全然活着而不再趋乐避苦，即使生命陷落时也不必重塑自己。我们可以感受自己的情绪是冷是热，是震惊还是柔顺，而不利用情绪来使我们停留在无明和愚昧中。我们可以不要求完美，只求时时刻刻全然体悟自己的经验。要想做一个完整的人，逃避绝对不是办法。逃避当下的经验，犹如热爱死亡胜于活着。

观察那些刀箭，观察自己对这些刀箭的反应，我们就会回归自己的本慧。与其想办法去除什么东西，与其认为自己受到了攻击，不如利用这个机会观察自己受到“压迫”时如何封闭自心。所谓“把心打开”，就是如此这般地去做。这样我们才能唤醒自己的智慧，和根本的佛性联结。

第十二章 长大

自始至终，要想直觑本心，发现真相，

根本就无关诚实与否的问题，

而是能否仁慈对待自己和尊重自己的洞见。

我的办公室挂了一幅日本书法卷轴，上面画着菩提达摩，旁边还提了一句话："直指本心，见性成佛。"菩提达摩浓眉怒目，看起来脾气很暴躁，一副消化不良的样子。

聆听佛法，静坐，都是在探究自己。我们来到这个世界，无非就是为了探究自己，不论在吃东西、做事、说话还是听人说话时，我们都可以探究自己。甚至有人说，光是探究自己便足以取代所有书籍了。

讲经说法无非是要帮助我们了解以下这个简单的道理：只有在自己的经验中才能找到智慧，而我们的痛苦都是自己制造的。我们的心其实是广大无边而充满喜悦的，只有通过我们自身的经验，才能了解什么是所谓的神经官能症，什么又是究竟的中道实相。

菩提达摩把禅宗从印度传到中国，他以勇猛精进著称。有一个故事说他因为静坐时老是打瞌睡，于是就把自己的眼皮割掉，丢到地上。结果这两块眼皮却变成了茶树，他发现他可以喝茶保持清醒！他决心了解真理，绝不妥协，而且不接受别人的说法。他最大的发现是，只要直觑本心就可以发现佛性，发现事物的真相，而完全没有任何蔽障。

不论处在何种情况中，我们都可能发现真相，只要我们能探究内心的每一个角落和缝隙、每一个黑洞和亮点，而不介意那个地方有多么的阴郁、诡异、可怕、光彩、惊悚、恐怖、喜悦、充满启示、祥和或愤怒。我们可以直接观察这所有的东西。许多人都鼓励我们这么做，而静坐可以提供我们方法。我初闻佛法的时候，让我最感宽心的是，佛法不但有教诲，而且有方法可以倒过来探索和验证这些教诲。我从第一天就知道，我必须像菩提达摩一样，自己去发现事物的真相。

然而，等到我们真的坐下来打坐，诚实观察自心的时候，打坐却变成了一项令人毛骨悚然而又沮丧的尝试。我们会失去所有的幽默感，而只是下定决心顽强地追究自己那一团混乱的困境。我们如果这样修炼，要不了多久就会感到沮丧，并且充满罪恶感，到最后一定是撑不下去的。我们可能会对自己信任的人说："这么搞到底有什么乐趣？"

因此，除了"看清楚"之外，还有一个很重要的因素，那就是仁慈。不诚实，不看清楚，我们不会进步，我们会陷入恶性循环。但是只诚实而不仁慈却会使我们陷入严苛与琐碎，要不了多久，我们就会觉得自己好像在吸柠檬一样的酸涩无比。我们会过度自省，而失去了以往曾经拥有的知足与感恩。我们会对自己、对生活以及别人的癖性感到厌恶。就是这个道理，所以我们才非常强调仁慈。

仁慈有时也称作“爱”——把自己的爱唤醒。但是仁慈有时又称作“温柔”，也可以被诠释成无限的友善。从根本上来说，仁慈是在日常生活中帮助我们平等对待一切并与无条件的喜悦相连的因素。诚如越南的一行禅师所言：“光是受苦还不够。”

纪律也是非常重要的。坐下来打坐，我们就要遵守方法，听从老师的开示。然而，我们为什么会对自己如此严苛？我们是为了“应该”才打坐吗？是为了要成为“好”佛教徒才打坐吗？是为了讨好老师、不下地狱才打坐吗？我们在打坐时学习如何看待当下生起的东西，是为了用同样的方式看待生活中所发生的事。所以我们的挑战就是：除了看清楚之外，还要培养仁慈之心，在轻松喜悦的心情之下修行，不要背负着罪恶感，不要凄凄惨惨。如若不然，我们就是在贬抑每一个人，贬抑自己。没有任何事是合乎标准的，怎么做都无法完美。诚实但缺乏仁慈、幽默、善心，就会苛刻。自始至终，要想直觑本心，发现真相，根本就无关诚实与否的问题，而是能否仁慈对待自己和尊重自己的洞见。

对自己仁慈、尊重自己是非常重要的事。这件事之所以如此重要是因为，我们一旦觑透自己，发现那些混乱的、清明的、苦涩的或甜蜜的种种，我们发现的并不只是自己，而是整个宇宙。发现自己是佛，就发现所有的人、事、物皆是佛，每一个人都是觉醒的，万物都是觉醒的。万物都同样珍贵、圆满、良善，每个人都同样珍贵、圆满、良善。如果我们能够开放而幽默地看待自己的意念和情绪，我们就会如此看待宇宙。其实我们讲的不只是个人的解脱，而是如何才能帮助到自己的家人、社群、国家、整个洲陆、整个世界、整个银河系以及每一个我们想去的地方。

我们会自然而然地转变。我们会发现，因为我们内在有了某种程度的勇气——愿意观察自心，直下觑透本心——因为我们对自己已经慈悲到某种程度，所以我们可以很有信心地忘掉自己，向世界开放。

唯一令我们无法对别人敞开心胸的原因就是，别人会激起我们心中的困惑，而我们可能没有足够的勇气或理智去加以对治。可是如果我们能够仁慈地看清楚自己，我们自然会觉得有信心而没有恐惧，和人眼光接触时也就没有任何障碍了。

对外界开放会使自己和他人都受益。我们越和人接近，就能越快地发现自己堵在什么地方，在什么事情上不友善、惧怕、封闭。看清楚这些东西对我们是很有帮助的，但是也很痛苦。通常我们都会不知道怎么办，而开始防卫自己。我们不仁慈，不诚实，不勇敢，我们或许现在就想放弃。但是，如果我们听从开示，对自己觑透的东西温柔相待而不评断，那么镜中原来那个令人尴尬的影像就会变成朋友。看见这个朋友会使我们温柔，心灵得到启示，因为我们知道这是和他人唯一相处之道，也是唯一可能有益世人之道。

这就是成长的开始。只要我们还不愿意对自己诚实、仁慈，我们就永远长不大。但是如果我们开始接受自己，“自大”（self-importance）这个古老的重担就会很快地轻松起来。然后我们真诚的好奇心就有了空间，我们开始愿意吸纳外界发生的一切。

第十三章 扩大慈悲的圈子

只有在开放、不评断的空性中，我们才会承认自己的感受。

只有在开放的空性中，我们才不会卡在自己的现实观里。

这个时候我们就会看见、听见、感觉到别人的真相，

这样我们才能够和他们正确地相处与交流。

慈悲通常意味着去帮助那些比我们不幸的人。因为我们的机会比较好，又受过良好的教育，所以我们应该对那些没有这类条件的人慈悲。然而，研究一下“唤醒慈悲心，帮助他人”的教诲，我们却发现慈悲不只是用来对待他人的，同时也要用来对待自己。慈悲就是最高的修行。与人相处就是最高的修行。交流——慈悲的交流就是最高的修行。

以慈悲心和人相处是一种挑战。发自内心的交流以及把自己的心开放给他人——子女、配偶、父母，乃至街上无家可归的人——意味着不把那个人排除在外，不把自己排除在外。这意味着感觉如何就是如何，不要把这份感觉推开；接受自己的每一个部分，不论喜欢或不喜欢都接受。要能够这样，就必须开放。开放，佛法有时候称之为“空”——不固定在任何事物之上，不紧抓住什么东西不放。只有在开放、不评断的空性中，我们才会承认自己的感受。只有在开放的空性中，我们才不会卡在自己的现实观里。这个时候我们就会看见、听见、感觉到别人的真相，这样我们才能够和他们正确地相处与交流。

最近我和一位老先生聊天，这四年来他都睡在街上，四年来从未有人正眼看过他。或许有人给过他钱，但是没人正眼看着他，问他好不好。对别人而言他是不存在的，这种不存在的感觉，还有那份孤单、孤立的感觉，是非常强烈的。这使我领悟到一点，那就是，我们应该对所有人都慈悲，不要因为害怕、恐惧或愤怒而退缩。

慈悲是很难办到的事。我们每天都活在关系中。尤其是如果我们想帮助别人——患了癌症、艾滋病的人，受虐妇女，儿童，动物，任何有伤痛的人——我们很快会发现一件事，那就是，我们帮助的那个人不久便引发了我们自己的问题。我们想帮助别人，甚至真的帮了几天、几个月，但是迟早都会遇见一个把我们的问题掀开来的人。这时我们会怨恨这个人，或者害怕，觉得自己没办法应付他。如果我们真心想帮助别人，时常都会发生这种状况。我们自己的问题或早或晚都会冒出来，我们迟早得面对自己。

伯纳德·格拉斯曼老师（Roshi Bernard Glassman）在纽约的扬克斯（Yonkers）为无家可归者推动了一项计划。上次听他演讲时，他说了一句让我十分震撼的话。他说他做这件事并不是为了帮助别人，而是因为进入自己一向排斥的社会领域，就等于帮助自己进入过去一向排斥的自我领域。

虽然这种观念在佛法里是很平常的，可是要实践却很困难。更难的是听到人家说我们对外排斥些什么东西，就是在排斥自己内心的什么东西；而排斥自己内心的什么东西，投射到外面就是排斥外界的什么东西。然而事情的确是这样的。如果我们觉得自己没用而放弃自己，就会觉得别人也没用而放弃他们。我们恨自己的某个部分，就会恨别人的那个部分。我们多少会因为对自己慈悲，所以也对别人慈悲。自始至终我们都要对自己所不喜欢的那些部分，那些我们连看都不想看的缺点慈悲相待。慈悲并不是什么自我改善的至高计划或理想。

大乘佛法有一句话说："一切都怪自己。"这句话的本意是："如果很痛苦，那是因为你抓得太紧的缘故。"因此这句话的意思并不是说我们可以尽情伤害自己，也不是在提倡烈士精神。这句话的意思是，就是因为太执著于自己的方式，才会产生痛苦；我们一觉得不舒服，或是发现自己处在不理想的情境及环境，就把责怪别人当成了出口。

我们总是习惯性地竖立起"责怪"这个障碍，来避免跟别人进行真实的交流，再用谁对谁错来巩固这个障碍。我们总是如此对待自己最亲近的人，对政治制度、自己的亲友、社会上自己所不喜欢的一切也都是如此。自古以来，这就是我们让自己舒坦的方法，而且技巧日益精良。责怪，为的是保护自己的情感，保护内心那块柔软的、开放的、温柔的部分。我们不想承认那份痛苦，于是匍匐而上寻找舒适的立足之地。

“一切都怪自己”这句话很有意思，因为这句话建议我们改变那根深蒂固、年久日深、老是想按照自己的意思抓住一切的习惯。改变的第一步就是，每当自己想责怪别人的时候，先要试着去觉察那份想紧抓住自己的感觉。想责怪别人到底是什么感觉？排斥别人是什么感觉？怨恨是什么感觉？义愤填膺又是什么样的感觉？

我们每个人的心中都有大量的爱与温柔，触及这个温柔的部位想必就是起点了。慈悲就是这么一回事。不再责怪别人以后，经过一段时日，我们自然会拥有一个开放的空间，而开始感受到这个温柔的部位。“责怪别人”建立了一层保护自己的壳，一旦感受到自己的温柔，却好比摸到自己藏在这层壳之下的伤口一般。

我们必须培养自己的能力，以开放之心和痛苦共处，而不急于寻找依恃。慈悲、空性这类的佛教词汇必须等到我们拥有这些能力之后，才会有意义。譬如，当我们对某个事件感到很愤怒，通常会采取两种处理方式，一是怪别人，一是怪自己。怪别人就是归咎，认为一切都是别人的错；怪自己就是对自己的愤怒感到罪恶，觉得自己怎么可以这么愤怒。

责怪别人是一种强化自我的方法。事情一有什么不对劲，我们不但会指责别人，还想把事情“矫正”过来。不管我们是处在婚姻、亲子、雇佣关系还是灵修团体中，我们总是想“改进”这份关系，因为我们总是紧张。或许我们觉得这个关系不符合我们的标准，所以我们就替它找理由，改进它。我们告诉别人我们的先生、太太、孩子、老师或支持团体做了某些以灵修为名的反社会行为。有时候我们挟怨而坚守某种教条，为的只是固守自己的立场。我们总觉得必须按照自己的标准来改变事物。有时我们已经无法再待在某个状况中，后来这个状况变得更离谱，而我们的处理方式也非常错误，因为我们以为自己只有一个选择。事情要不就对，要不就不对。

我们总是以自己为准。我们不是认为自己对，就是认为自己不对；日复一日，周复一周，月复一月，年复一年，一辈子都是如此。我们必须感觉自己“对”才会觉得舒服。我们不能错，否则就觉得不舒服。然而，我们其实可以对自己所有的一切都慈悲一点。觉得自己对的时候，我们可以看看这样的对是怎么一回事。认为自己对，会让我们觉得很舒服。我们总是认为自己完全正确，可能有许多人也认为我们完全正确，但是，如果有人不以为然呢？那时候我们会如何反应？我们是愤怒，还是开始侵犯别人？在当下的一刻观察自己的愤怒或侵略性，我们会发现战争就是这样造成的，种族暴动就是这样造成的——别人不苟同我们的时候，就觉得别人遗弃了我们而义愤填膺，或者非觉得自己“对”不可。反过来说，如果我们觉得自己不对劲或深信自己不对，我们也可以观察一下自己的感觉。这种对与错的观念，使我们整个人封闭了起来，令我们的世界变得很小。但是，就因为希望自己的状况或关系固定不变，永远可以掌握，所以我们看不到事物的真相，那就是，事物本来就是易变的。

与其非要说别人是对或错，与其把自己封闭在对错之中，我们不妨采取中道，强而有力的中道。我们可以将中道视为坐在剃刀的刀刃上，既不落入左边，也不落入右边。中道意味着不紧抓着自己的版本不放，意味着开放我们的心与头脑。仔细地品味以下这个看法，当我们指责别人是错的时候，我们其实是在企图得到某种安全感和依恃。同理，我们会认为什么事情对，也是因为我们想找到依恃或安全感。我们的心和头脑能不能宽大到承认自己并不确知谁对谁错，而安住在那份空性中？我们要去见某人或谈某件事的时候，有没有办法事先不排“议程”，不事先想好要对他说什么，不事先认定他是对或错？我们有没有办法看到、听到、感觉到别人的真相？中道是强而有力的，因为我们会发现自己老是怆怆惶惶地寻找安全感，总想确定自己或别人是对或错。然而，只有在开放的空性中才会有真正的交流。

不论事关我们自己还是我们的情人、老板、子女、本地的投资客，或是政治情势，只有不对任何人封闭自己的心，不把别人当敌人看，才是诚实勇敢的。只要开始这么生活，我们就会发现自己完全没办法认定事情是对或错，因为事情本身实在比对或错要善变而诡谲得多。凡事都是暧昧不明、一直在变迁和变动的。任何一个状况，只要有人涉入，就有许多变量。寻找绝对的对或错只是我们和自己玩的一场游戏罢了，为的是要让自己觉得安全、舒适。

这使我们面临了一个更大的问题，那就是，我们如何才能改变这个世界？这个世界的侵略性如何才能降低？我们可以把这些问题降到个人的层次来谈：我如何才能学会和那个伤害我的人沟通，和那个伤害许多人的人沟通？我如何与人交谈才能产生真正的转化？我要如何与人交流，才能打开我们彼此的空间，让我们在人人本具的智慧上相互接触？在某种可能引发暴力的情境中，我要如何与对方交流，才不会使双方的愤怒和攻击性不可收拾？我该如何与对方沟通，才能使双方胶着的情况流动起来？我该如何与对方沟通，才能使内心那些冻结的、停滞的、具有侵略性的东西软化，让彼此产生慈悲的交流？

这一切的第一步就是愿意感受自己所经历的状况，开始和自己认为不值得存在的那一个部分建立起慈悲的关系。只要我们愿意通过静坐来觉察那些令我们觉得舒服或痛苦的感受，只要我们决心随时随地对自己的感受保持觉醒和开放，完整地认清与承认自己的感受，那么事情就会真的改变。

要能够慈悲地对待别人，让自己的言行能够产生真正的交流，就要观察那个正在说自己是对或错的自我。我们可以在这个节骨眼上思考一个事实，那就是，不论对或错，都有太多其他的可能性，我们不妨活在那个比较温柔而不确定的地方。只要我们找得到那块地方，它就会帮助我们对自己的感受开放。我们会发现，只要开始这样训练自己，开始欣赏自己以前不可能欣赏的部分，我们内在就会产生真正的变化，永久的变化。我们原先根深蒂固的习惯会开始软化；和人交谈时，我们会开始看到他们真正的面貌，听见他们心中的话语。

不论我们有什么感受，只要慈悲地触及自己的感受，我们的保护壳就会开始融化，我们会发现自己生活的许多领域都是行得通的。我们一旦学会对自己慈悲，那么慈悲的圈子——这里指的是对人、对事以及对待的方式——就会跟着扩大。

第十四章 不死之爱

在困苦的时刻，只有菩提心可以治疗我们。
当心灵启示不见了，而我们准备放弃时，
我们就会在痛苦的温柔中找到治疗的药方。
这个时刻我们才能触及菩提心的精髓。

某人有个两岁大的孩子。他说有一天打开电视机，无意间看到俄克拉荷马州联邦大楼的爆炸事件。他看到消防队员把受伤的孩子从一楼的安亲班抱了出来，那些孩子浑身上下都是血。他说，以前他可以用抽离的态度看待别人的痛苦，但是为人之父以后就不一样了。他觉得这些小孩每一个都是他的孩子，他们父母的悲伤也就是他的悲伤。

这份和他人的痛苦相连的亲情，这种无法再抽离地看待他人痛苦的无力感，就是发现了自己内心的温柔地带，发现了菩提心。菩提心在梵文里的意思是"觉醒或高贵的心"。佛法认为菩提心是人类与生俱来的。牛奶里面本来就有牛油，芝麻里面本来就有油脂，你我本自具足这份温柔的情怀。

斯蒂芬·莱文（Stephen Levine）曾经描述过某位女士临死的时候非常痛苦，当她再也无法忍受那份痛苦和怨恨的时刻，她开始能体会埃塞俄比亚一位饥饿的母亲内心的痛苦，一个离家出走的少年因为吸毒而在一间旧公寓里等死的那份感受，一位被土石流淹没而孤独地在溪边等死之人的心情。这位妇人说她终于领悟到这不是她的痛苦，而是众生的痛苦；这不是她的生命，而是生命的本身。

如果我们不再掩饰自身的脆弱，不再掩饰生命根本的脆弱，就能唤醒这份菩提心。十六世大宝法王（Gyalwa Karmapa）曾经说过："你把这个世界的痛苦全部吸入体内，让这个世界的痛苦深深触动你的心，然后化为慈悲。"

佛法认为，在困苦的时刻，只有菩提心可以治疗我们。当心灵启示不见了，而我们准备放弃时，我们就会在痛苦的温柔中找到治疗的药方。这个时刻我们才能触及菩提心的精髓。孤独、恐惧、感觉被人误解或排斥，这其中就存在着万物的心跳，真正的悲心。

宝石纵然埋在地下一百万年也不会污损，挖出来以后照样发光发亮。同理，菩提心不论经历什么考验都不会受影响；不论我们曾经如何自私、残暴、贪婪，我们永远都不会失去真正的菩提心。众生都有菩提心，它不会被污损，永远完整无缺。

我们总是以为保护自己免于痛苦就是对自己好，但真相是，我们只会更加恐惧，更加僵硬，更加疏离。在这种情况下，我们所经验到的自己是和整体分开的，这种界线感对我们而言如同监狱一般。这　座监狱会把我们关在自己的希望和恐惧之中，使我们只在乎自己身边的人。奇怪的是，我们越保护自己，就越痛苦。然而如果我们开放自己，让自己心碎，反而会发现自己与万物是一体的。自私的人有两种，一种不聪明，一种聪明。不聪明的自私者只想到自己，所以结果总是混乱、痛苦。聪明的自私者知道要为自己好，而最好的方法就是为别人好。这种为别人好所产生的结果却是喜悦。

如果看见老弱妇孺在街上乞讨、有人在打狗、少年人遭受残暴的殴打或是小孩子惊恐的眼神，我们会不会因为忍受不了而转身走开？大部分人都会。我们需要有人鼓励我们不要躲避自己的感受，不要为自己心里的哀伤和爱而感到羞赧，不要惧怕痛苦。我们需要有人鼓励我们去唤醒内心这个温柔的部分，并因此而改变我们的人生。

施受法（tonglen）可以唤醒菩提心，让我们触及自己真正高贵的情感。施受法接收痛苦，释放喜悦，把我们反向运作的习惯逆转过来。

施受法可以创造出空间，使生命的大气流通，让人自由而轻松地呼吸。不论我们遭遇任何形式的痛苦，都可以用施受法将这份痛苦吸进来，并祝福他人能免于痛苦。不论我们遇见任何形式的快乐，都可以把这份快乐呼出去，释放出去，希望每一个人都能感受到快乐。施受法可以使人感觉不那么沉重、褊狭，也让我们了解自己可以毫无条件地爱别人。

博与西塔·罗佐夫（Bo and Sita Lozoff）二十年来一直

在帮助监狱里的囚犯，他们在狱中教打坐，与犯人恳谈，以书信提供建议。他们的信箱每一天都爆满，但是他们都尽可能回信。西塔说，她有时候觉得很累，但是自然而然地她就开始练习施受法，把那些信件里的痛苦吸进来，而释放出“解脱”。

很多患艾滋病的人临死之前都开始练习施受法。他们吸进“同一条船”上其他人的痛苦，吸进千百万个艾滋病患者的痛苦，而呼出健康与仁慈。有一个人说：“施受法不会伤害我，却让我觉得没有白白受苦，觉得自己不再孤独，不再是那么没用的人。施受法令这一切都变得有意义。”

我们总是努力保护自己免于受苦，却等于是穿上了甲胄。这件甲胄会禁锢我们柔软的心。我们想尽办法不要任何不安的感觉，并且努力延续自己认为美好的感觉。看看杂志上游客在海滩戏水的照片，我们都希望生命能永远如此美好。

但是，吸进痛苦会穿透我们的甲胄，我们的防卫心会开始软化。于是这一件沉重的、生锈的、破烂的甲胄看起来就不再那么坚固了。吸进痛苦使甲胄开始崩裂，我们开始感觉自己能够放心地、自由地呼吸，感觉自己内在有一股仁慈与温柔的能量。这时我们发现自己的人生不再像坐在牙医的治疗椅上那样，老是觉得很紧张。

呼出轻松与广大，可以促使甲胄崩裂。“呼出”暗喻的是打开自己的整个生命。如果我们拥有什么珍贵的东西，不要紧抓着它不放，而是要放开手和大家分享。我可以把自己全部奉献出去。我可以分享人类深不可测的经验中的财富。

有一个人从婴儿时期就受到性侵害，后来他开始完整地忆起童年的一切。也不知道从哪里得来的灵感，他开始吸进自己在幼年时那种饱受惊吓、无依无助的痛苦，然后又吸进所有孩子的痛苦，吸进那些曾经历过疾病、虐待、漠视或战争的孩子们的痛苦。就这样，他无意间发现了菩提心。

我们都可以在类似的情况下发现菩提心，不需要什么奋斗或挣扎。事情发生了，还不知道要怎么处理，感觉很不确定，菩提心往往就存在于这种脆弱的时刻。菩提心会显现成一种根本的开放态度，佛教徒称之为空性。菩提心会显现成根本的温柔、慈悲或温暖。但是如果我们踱来踱去，好像在期待自己会遭遇不幸，我们就会堵塞菩提心。如果我们能放掉彼此之间的紧张，放弃我们彼此之间的斗争，菩提心就会显现。

在相对层次上，我们这份高贵的心感觉起来就像是与万物同源的亲情。在绝对层次上则是无依无恃或开放的空性。

由于菩提心不给我们依恃，所以也能打破我们平日的观念和理想。我们无法把菩提心当做变成善良之人的计划，当做有事发生时可以依靠的东西。菩提心不是这么明确的东西。

菩提心会唤醒我们的温柔情怀，所以我们无法利用菩提心来隔绝自己和他人。菩提心并不是什么“痛苦中的空性”

这类抽象的东西。我们也不能凭空说一句“什么事都没发生，所以什么事都不必做”就算了。

相对与绝对层次的菩提心一旦起作用，就会使我们与无限的爱衔接。不死之爱的特质就是慈悲与空性。

体验到菩提心这个明亮的部分，感觉上就像回到了家一样；好像罹患失忆症许久之后，突然想起自己是谁一样。诗人鲁米（Jalaluddin Rumi）有一首诗，描写一些夜行者不逃避黑暗，反而追寻黑暗，因为黑暗是愿意了解自己有什么恐惧的人的伴侣。不论是求职面试的恐惧，还是战争、偏见、仇恨所带来的恐惧，不论是孤独寡妇的恐惧，还是小孩子遭受父母耻笑和虐待时的恐惧，这些夜行者在痛苦的温柔中发现了菩提心。

在做洗眼镜、梳头这些清理工作的时刻，菩提心会生起。看着蓝天、听雨的时刻，菩提心会生起。想起别人的仁慈、认识到别人的勇气时，菩提心也会生起。音乐、舞蹈、艺术、诗歌里面都有菩提心。只要不紧抓自己，睁开眼睛看看身边的世界，只要和悲伤衔接，和喜悦衔接，放掉自己的不满、愤怒，这里面都有菩提心。

我们常说精神的觉醒犹如登高望远。我们放弃自己的执著和世俗的事物而往山上爬，爬到顶峰时，我们就超越了所有的痛苦。这个比喻唯一的问题是，我们把其他的人都丢下了——我们丢下了酗酒的弟弟、患精神分裂症的妹妹、受到虐待的动物和苦恼的朋友。他们的苦依然存在，并没有因为我们的逃亡而解脱。

发现菩提心的旅程刚好相反。发现菩提心的旅程不是向上提升，而是向下探索。这种情形就像我们要爬的山是位于地心，而不是悬在半空的。我们不是要超越众生的痛苦，而是要朝着骚乱和困惑前进。我们可以跳进去，我们可以滑进去，我们也可以溜进去。不论以何种方式，我们就是要朝着它前进。我们要探索痛苦与不安全感的真相以及不可预测的本质，而试着不去排斥它们。如果这种探索需要花上几年，甚至一辈子，我们照样探索下去。我们按照自己的步调，不疾不徐，一直向下探索，向下探索。有千百万个人正在与我们同行，朝着远离恐惧的觉醒之路前进。一旦探索到底，我们就会发现水源——菩提心之水。就在水深火热之中，我们发现了不死之爱。

第十五章 逆转习性

施受法逆转了我们趋乐避苦的惯常逻辑。

我们在施受法的修行过程中解除了自私这个存在已久的模式。

我们开始感受到对己对人的爱，开始关心自己也关心别人。

施受法能唤醒我们的慈悲心，为我们带来宽广的实相观。

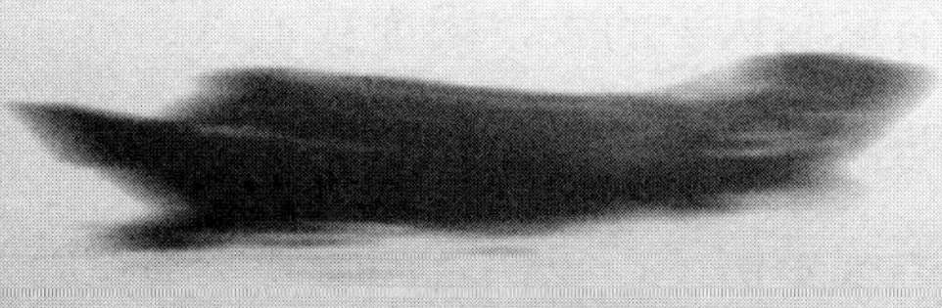

要想对别人慈悲，先要对自己慈悲。如果想关心那些陷入恐惧、愤怒、忌妒、各种上瘾症、傲慢、贪婪、自私或吝啬的人，对这些人慈悲，就不能逃避在自己身上发现这些东西的那份痛苦。事实上，我们对痛苦的态度是可以改变的。我们可以打开自己的心，不防卫也不躲避，而只是去感受那份痛苦，让那份痛苦净化我们，柔软我们的心，使我们更有爱心，更仁慈。

施受法令我们和自己的、身边一切事物的痛苦联结在一起。施受法能让我们克服对痛苦的恐惧，消除我们心里的紧张。然而施受法最主要的是能唤醒我们与生俱来的慈悲心——不论我们看起来多么冷酷无情。

练习施受法，一开始要找一个我们认识的人，因为我们知道他心里有多痛苦，因此想帮助他。接着我们便开始领受他的痛苦。譬如我们知道有一个小孩受伤了，我们就想象自己把他的痛苦和恐惧吸进来，并且希望能因此除掉他的痛苦和恐惧。接着我们又开始呼气，送出快乐与欢喜，或是你想给他的任何东西。这就是施受法的精髓——吸进别人的痛苦，使他有空间得以放松、开放，然后呼气，送给他解脱或任何你认为能使他解放、快乐的事。

可是我们往往不愿意做这项练习，因为我们必须同时面对自己的恐惧、抗拒或愤怒，以及自己在当时所生起的任何一种痛苦。然而这个时候我们其实可以改变焦点，为自己、也为当时和我们一样痛苦焦灼的千百万人行施受法。或许我们能分辨自己的痛苦，我们知道那是恐怖，还是厌恶、愤怒、仇恨。于是我们就替所有处在同样心境的人吸进这些东西，然后呼出解脱或任何可以为我们、也为无数人打开内心空间的东西。若我们分辨不出那是什么样的痛苦，可是我们觉得胃紧紧的、生活里一片黑暗，等等，这时我们只是单纯地去接触这份感觉，然后为了我们每一个人而把它吸进，也为了我们每一个人而呼出解脱。

大家常说，施受法背离了我们平日保护自己的习惯。确实，施受法的确违背了我们总是希望事情顺己之意的习性。我们总是希望事情对我们有利，至于对别人如何就不管了。但是施受法推翻了我们内心四周的高墙，化解了我们力图制造的自我保护层，用佛法的语言来说就是化解了自我的顽固与执著。

施受法逆转了我们趋乐避苦的惯常逻辑。我们在施受法的修行过程中解除了自私这个存在已久的模式。我们开始感受到对己对人的爱，开始关心自己也关心别人。施受法能唤醒我们的慈悲心，为我们带来宽广的实相观，带领我们进入无限广大的空性。一旦行持施受法，我们便开始和自身存在的开放维度衔接。于是我们发现事情并没有那么严重，那么牢不可破。

我们可以为生病的人、临终者、亡者或遭受任何一种痛苦的人行施受法。施受法也可以是一种随时随地进行的冥思。外出在路上看见有人遭遇到痛苦之事，我们可以当场行施受法，吸进他的痛苦，而呼出解脱。看见遭受痛苦的人，我们很可能掉头不顾，因为他的痛苦引发了我们的恐惧或愤怒，引发了我们的抗拒和困惑。这时我们可以当场为那些和自己一样恐惧的人，为那些希望自己慈悲却十分恐惧的人，为那些希望自己勇敢却怯懦的人行施受法。我们不打击自己，而是把自己的遭遇当垫脚石，去了解人类在这个世界所面临的痛苦。我们为每一个人吸进痛苦，为每一个人呼出解脱。我们就这样把毒药当解药来用。我们可以利用个人的痛苦来成就对众生的慈悲。

如果想当场行施受法，只要吸进再呼出就对了——吸进痛苦，呼出空性与解脱。

但是如果打坐时行施受法，这时的施受法总共有四个步骤：

首先把心情放松下来，进入开放、安静的状态。这一个阶段，传统上的说法是“忆起绝对菩提心”或“顿时向根本的空性与清净敞开”。

熟习此法的过程，把热、黑、重这一类的感觉——幽闭恐惧症的感觉——吸进来，再把清凉、明亮、轻松——一种清新的感觉——呼出去。通过所有的毛孔完整地吸进来，也通过所有的毛孔呼出去，放射出去，一直做到这些东西的一进一出与自己的呼吸同步为止。

处理与个人有关的状况——任何一种与自己有关的痛苦情境。传统上，施受法都是从自己很关心、很想帮助的人开始做起。但是，我前面说过，如果你自己有痛苦，你也可以为自己、为所有同病相怜的人行施受法。譬如，如果你觉得自己有所不足，你可以为自己，也为“同一条船”上的人吸进这份痛苦，然后呼出信心、丰足或解脱。

最后，把这种“吸进”和“呼出”的范围扩大。如果你一开始是为自己所挚爱的人行施受法，现在你就扩大去替所有的朋友行施受法。如果你一开始是为了路上或电视上看到的人行施受法，现在你就开始为“同一条船”上所有的人行施受法。也就是把范围从一个人身上扩大出去。如果你想为所有和自己一样愤怒或恐惧的人行施受法，这样的范围应该够大了。但不论如何你还是可以把范围进一步扩大。你可以为自己一向敌视的人——伤害你或伤害他人的人——行施受法，想象他们和你或你的朋友一样，大家都有疑惑，都卡在某个地方，然后为他们行施受法，吸进他们的痛苦，呼出解脱。

施受法可以无限扩展。开始行施受法以后，你的慈悲心会渐渐拓展，你会逐渐明白事情并没有你想象的那么牢不可破。按照自己的步调行施受法，你会惊讶地发现自己越来越能面对以往所不能面对的问题。

第十六章 和平侍者

六度波罗蜜和日常行为的不同在于，

波罗蜜是建立在般若（智慧）之上的。

般若是一种看待事物的方式，

它可以消解我们的执著倾向，它也是一种自欺探测器，以免我们变成“正义之师”。

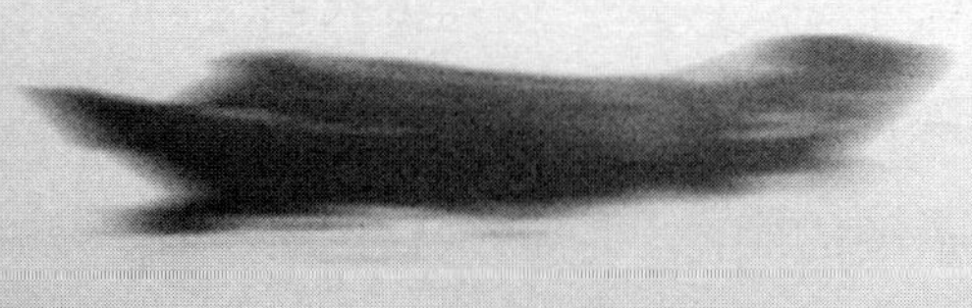

想象有一个地方可以让人学习和平的艺术，比如一个精神勇士的新生训练营。我们在里面日复一日所学习的并不是打败敌人的战术，而是消弭战争的方法。

这样的地方，或许可以称为菩萨培训营或和平使者训练营。所谓的菩萨（bodhisattva），指的就是那些投入慈悲之道的人。这一座精神勇士的训练营可以由曼德拉、特蕾莎修女等人担任指挥官，然而它更可能是由那些来自世界各地、致力于解除他人痛苦的平凡男女所指挥的。

我们在这一座菩萨培训营学习到的方法，包括静坐和施受法，也可能包括六度波罗蜜（paramitas）——和平使者从事的六种活动。

波罗蜜的意思是到彼岸，六度活动好比筏一样，带我们渡过轮回之河。六度波罗蜜有时候也叫做超越之行，因为六度波罗蜜超越了传统的道德与不道德的观念，它训练我们跨出狭隘的二元对立观，让我们的心保持弹性。

在这种培训营里接受训练，最大的挑战之一就是要避免落入道德观念。由于受训的人来自世界各地，所以关于什么事合乎道德，什么事不合乎道德，什么事有帮助，什么事没帮助，大家的意见一定会有冲突。所以很快地，我们就必须要求营内最觉醒的人带领我们上几堂关于幽默与弹性的课程！

创巴仁波切就曾经为学生设计过这样一套课程。首先他要我们背诵几首歌，数个月以后，等到我们都背熟了，他却把歌词改掉了。他教我们祭典的仪轨，严格要求我们遵守，等到我们开始批评有人不遵守规定时，他就开始教我们用完全不同的程序进行相同的祭典。我们印出了精美的手册，记载祭典的正确程序，然而这些精美的手册才刚刚从打印机里出炉，就已经过时了。经过几年这样的训练，我们终于开始懂得放下执著。如果老师今天的指示是把所有的东西都放在右边，我们就毫无保留地把所有的东西都放在右边；如果老师明天指示我们把所有的东西都放在左边，我们就全心全意地把所有的东西都放在左边。我们心中的那种“正确的方法只有一个”的执著便逐渐消失于云雾中。

要训练适应能力，舍弃僵硬的心，静坐和施受法可以算是经得起考验的好方法了。不过六度波罗蜜可以与之互补，使得修炼变成日常生活里的活动。六度波罗蜜令我们日常生活的所作所为变成了一种学习和平的艺术。

六度波罗蜜和日常行为的不同在于，波罗蜜是建立在般若（prajna，智慧）之上的。般若是一种看待事物的方式，它可以消解我们的执著倾向，它也是一种自欺探测器，以免我们变成“正义之师”。

接受和平艺术训练，并不意味着我们从此就获得了保证：因为我们的意图高尚，所以其他一切都不是问题了。事实上，这项训练完全不保证任何成果。我们要做的只是深入观察喜悦、悲伤、欢笑、眼泪、希望、恐惧，观察一切生灭活动。我们发现真正具有治疗力量的就是感恩和温柔。

这并不意味着“我没什么重要，但是如果我能改变世界，对别人会比较好”。和平训练没这么复杂。我们并不是要拯救世界，而是要了解别人做事的方式，思考自己的行为对别人的情感有什么影响。

六度波罗蜜这种卓越的行动中的前五种是布施、持戒、忍辱、精进、禅定，前五种和最后的般若智慧是不能分开的。般若是要我们在行为上不再追求安全感。我们因为想保护自己的领地而产生了苦，然而般若这种智慧却可以把这股巨大的痛苦斩断。

对许多人而言，布施、持戒、忍辱、精进这些字眼听起来都是一些寓意严格的“应该”与“不应该”。它们可能会使我们联想起校规或是道德宣言。可是这几个波罗蜜的目的并不是要达到什么标准。如果我们认为六度是为了要达到某种完美的标准，那么还没开始我们就会感到挫败。比较正确的说法是，六度是一种探索之旅，而不是刻在石头上的圣诫。

第一种波罗蜜“布施”，乃是学习给予的旅程。感觉自己有所欠缺或没有价值的时候，我们就会囤积东西。我们非常担心——担心失去，担心自己比现在更穷。这种吝惜的心态真是悲哀极了。如果深深地看进自己的内心，我们会为这种充满着恐惧的执著与攫取而落泪。这份执著使我们承受了巨大的痛苦。我们总想控制人、事、物，结果却招来怨恨，引来罪愆，而觉得自己是无望的。

然而，我们一旦能穿越这份因执取而导致的贫穷感，造成恐惧与侵略的原因就会消失。所以，“布施”这种波罗蜜的基本概念就是要把视野扩大，我们带给世界最大的帮助就是不再总是为自己设想。我们越是体验到自身根本的富足，就越不会紧抓着什么东西不放。

我们随时都能体验到自身根本的富足。关键就在放松——放松下来看天上的云，看小鸟飞翔，听电话铃声。我们可以如实地看着事物单纯的本质。我们可以闻一闻四周的东西，品尝一下食物，感觉一下自己的心情，也可以回忆过往。只要我们能安住在当下，而不说“这一点我同意”，“那一点我绝不同意”；只要我们能够以直心对待万事万物，我们就会随时随地发现自己根本的富足。这份富足感不是我们的、他们的，而是人人皆可获得的。这份富足感存在于雨滴之中，存在于血滴、头痛和快乐之中，它就是万物的本质。这份富足感就像阳光一样，因为阳光可以照耀每一个人而没有任何分别；它又像镜子一样，因为镜子反映一切事物，不迎不拒。

“布施”这个旅程就是要和这份富足感衔接：因为我们非常珍惜它，所以任何东西阻碍了它，我们都愿意舍弃。我们舍弃太阳眼镜，舍弃大衣、围巾，也舍弃伪装。简而言之，我们开放自己的心去感受万事万物，也就是在全然的富足中建立信心。在日常生活的层次上，这份信心就是待人处事的弹性与温暖。

发菩萨愿的时候，仪式中有一个程序就是要送师父一样礼物。重点在于这样礼物必须是珍贵的，难以割舍的。有一次我陪一位朋友选一样送给师父的礼物，结果足足花了一整天还是无法决定。每选一样东西，他都觉得不舍，没多久他就筋疲力尽了，光是想到要失去自己最心爱的东西就够他受的。后来有一位师父来访，我和她谈起这件事，她说我的朋友其实可以利用这次机会，为陷在渴欲中的自己或他人——无法放下的人——培养慈悲心。

布施物质可以帮助他人。如果有人需要食物，而我们也有能力给，我们就给。如果有人需要栖身之处，需要书籍，需要治疗，我们有能力给，我们就给。我们尽自己最大的力量，只要有人需要照顾，我们就照顾。然而，真正的转变却是在放掉自己的执著，舍弃自认为舍不掉的东西。外在的作为往往可以改变自己的习惯，不再凡是有利的东西都留给自己。

我们如果能如此给予，就会把这份能力传递给别人。这就叫做无畏施（把无畏当礼物送给别人）。我们一旦触及事物的单纯与美好，了解自己并没有如自己以为的那样陷在泥淖里，就可以和别人分享这层解脱。这一趟旅程，人人可以同行。我们已经学会拆除遮阳伞，脱掉甲胄，无惧地拿掉面具，我们可以和他人分享这份能力。

除了无畏施，我们还可以行法布施。我们可以尽我们的能力，教导别人静坐。我们可以教别人行施受法，建议他们看书，听录音带，告诉他们哪里有演讲和实修课程。我们可以提供别人一些方法，让他们发现一些鼓舞他们的东西，使他们的视野扩大，不再执著。

要消除侵略性，就需要持戒——温和而严格地持戒。没有“持戒”这一项波罗蜜，我们得不到支持的力量。

我还记得《不逃避的智慧》出版之后，我带领了一次闭关。许多人都是因为这本书里提出的慈悲观才参加这次闭关的。第三天我们大家都在静坐的时候，有一位女士居然站了起来，伸了伸懒腰，然后就躺在地板上休息。后来我问起这件事，她说：“因为我觉得很累，为了对自己仁慈一点，所以我就休息一下。”那时我才发现我必须谈一谈戒律如何能帮助我们摆脱情绪的宰制。

1972年，我第一次和创巴仁波切的学生一起静坐。他已经很久不来北美了，那时他的“脱稿演出”——我们总是这么形容它（译注：创巴仁波切发展出一套对应花童世代叛逆风潮的传法方式。他经常以迟到、醉酒等出人意料的演出打破学生的执著）——才刚开始发展。那一次静坐，有一个人在屁股下面垫了三个圆坐垫，每隔五到十分钟，坐垫一定垮下来一次，而每垮一次他就得重新叠好。还有一位学生，差不多每几分钟就跳起来跑到教室外面大哭，一小时的静坐课，她可以哭上个五六回。行禅的时候，学生们走路的方式也是什么模样都有。有一个学生总是先把膝盖弯曲，然后又把身体挺直，就这样一飘一飘地行禅。另外一位学生却老是倒退着走路。那个场面非常可笑，也非常令人分心。不久，仁波切就开始制定禅堂的规则，情况才大幅改善。

我们要规范的并不是人的缺点或错误，而是逃避真相的方式。戒律让我们安住在当下，和当下这丰富的一刻衔接。

这里所说的戒律之所以能免于严苛，主要是因为有般若（智慧）的关系。这里的戒律并不要求人不去享受快乐，或是不论如何都要克制自己。戒律这个旅程乃是要鼓励我们放下。这是一个归零的过程，让我们能逆转我们那痛苦的惯性模式。

于外在层次上，我们可以把持戒当成某种结构来看，譬如三十分钟的静坐课程或两个小时的佛法课程。静坐的方法可能是最好的例子了。我们以某种姿势静坐，然后尽可能对这种姿势保持忠实。我们通过情绪变化、记忆、影像、沉闷等现象，轻柔地注意自己的呼吸。这种简单而重复再三的过程，就像是在邀约那基本的丰盈进入我们的生活。所以前人遵循静坐的方法修持，我们今天亦复如是。

我就在这个结构之内怀着慈悲心前进。所以在内心层次上，持戒就是回归温柔，回归诚实，回归放下。持戒就是在内心找到不紧不松的平衡点——找到不懒散也不僵硬的平衡点。

持戒能使我们放慢脚步，充分活在现在，好好生活而不混乱；持戒带给我们勇气，使我们更勇于跨进无依无恃的境界。

“忍辱”波罗蜜的力量可以化解愤怒之毒，不论在道途中遇见什么东西，我们都去爱，去关怀。忍辱并不是一味地忍耐，忍辱是不论碰到什么情况都不立即反应，而是去咀嚼一下，闻一闻，看一看，放开心胸去认清眼前的情况。忍辱的反面就是侵略——叫啊跳啊地逼迫自己，想把所有的空间都填满。但是忍辱这个旅程却是要放松，对眼前发生的事开放心胸，体验个中的奥妙。

我有一个朋友，她的祖母是半个切罗基印第安人。她说小时候祖母常常牵着她和弟弟的手去看动物，看动物的时候祖母常说道：“安静地坐着，你就会看到一些东西。如果你静静地不讲话，就会听到一些声音。”她从未说过忍辱这个字眼，但是她学到的就是这个东西。

要学习忍辱，方法之一就是行施受法。有时我们会突然冲动起来，生活的速度会突然加快，或是觉得自己必须得到答案。如果有人对着我们咆哮，我们立刻感觉受辱，想要骂回去平衡一下。我们总想熄灭五毒。如果反其道而行，我们就可以和人类的根本焦虑联结，和人类基本的侵略性衔接，也就是为众生行施受法。我们可以送出空间感，使事情的速度慢下来。无论是站着或坐着我们都可以让心中出现空间，让自己的惯性反应不再发生。这时我们的言行就会开始改变，因为我们已经先给自己一些时间摸索、尝试、观察整个状况。

如同其他的波罗蜜一样，“精进”也是一段有其独特作用的旅程。修精进波罗蜜以后，你会发现有时候你做得到，有时候却做不到。你会碰到一个问题，那就是如何才能和心灵启示联结？如何才能和时时刻刻都存在的光、热及喜悦衔接？精进并不是逼迫自己，不是什么必须完成的计划，也不是什么要赢取的比赛。精进就像冬日下雪的早晨在山中小屋里醒来，想要外出散步，但是知道自己必须先下床生火。你虽然很想赖在温暖的被窝里，不过你还是跳下床去开始生火，因为你眼前那阳光灿烂的景致比赖床更有吸引力。

我们越是和更大的视野衔接，就越能够和高能量的喜悦联结。精进就是打开我们开悟的胃口。精进能使我们行动，给予，遇到什么就欢喜对待什么。我们总是趋乐避苦，如果我们知道自己这么做会把地球搞得多不快乐，如果我们知道这么做会斩断自己和本慧的联结，而把自己弄得痛苦不堪，我们一定会像头发着火、巨蟒入怀一般，赶紧练习静坐，而绝不会认为我们还有时间，以后再练吧。

因为有般若智慧，这些行动就变成了去除防卫心的方法。每一次的给予，每一次的持戒、忍辱、精进，都好像放下重担一般。

“禅定”波罗蜜延续了这一段旅程。禅定波罗蜜乃是文明社会的基础，这样的社会绝不是奠基在输赢得失之上的。

静坐的时候，我们会跟一种没有条件的东西——一种心境，一种基本的境界——联结。这个没有条件的东西既不抓着什么不放，也不排斥什么。静坐可能是唯一不在实相上增加任何东西的活动。任何事物都来去自如，没有染着。静坐这件事完全没有暴力，没有侵略性；它不填满内心的空间，反而让我们可以和无条件的空性联结——这才是转化的真正基础。你也许会说这等于是给我们一项不可能完成的任务，或许没错，但是从另一方面来看，我们越是和这个不可能“坐在一起”，就越发现它是可能的。

执著于自己的思想与记忆，就是执著于无法捕捉的东西。如果轻轻地觉知一下这些幽灵，然后任其消失，我们就会发现一个空间，发现喋喋不休的妄念之中的空当，或是瞥见内心的晴空。此乃我们的天赋人权——天生具足的智慧，原始的富足和无边的空性。所以我们要实践的就是安住于当下，安住于每一刻的现在，须臾不离。不论有什么意念、渴望、希望、恐惧把我们拉走了，我们都可以回归当下这一刻。我们原本就在这里，然后似乎有风把我们吹走了，接着又似乎把我们吹了回来。一念方歇一念未起之际，我们就安住于其中的空当。我们要修炼的就是回到当下这一刻那不变的本心。所有的慈悲以及所有的心灵启示都源于此。

第六种波罗蜜是般若智慧。智慧能使一切行为变成黄金。佛法说，前五种波罗蜜可以提供我们一些规则，智慧波罗蜜却能贯穿全局。智慧使我们无家可归，我们再也无法执著于任何事物之上，所以我们才会真正放松，不再战斗，不再进退维谷，也不再靠边站。

有时候我们会发现自己很渴望以前的习惯。布施的时候我们发现自己怀念执著。持戒的时候我们看到自己想要完全脱离现状。忍辱的时候我们察觉自己渴望加速前进。精进的时候我们了解到自己的懒惰。禅定的时候我们意识到自己的散漫、不安，看到自己非常在意的执著心态。

没有关系，我们就让这份怀旧之情自然发生。我们知道每一个人都会这样。这份怀旧之情自有它容身的地方，正如世上每一件事都有容身之处一样。随着时间的流逝，我们终会脱掉甲胄，跨进无依无恃的境界。

这就是菩萨行，就是和平使者之行。这个世界需要这样的人——菩萨政治家、菩萨警察、菩萨父母、菩萨公交车司机，银行和杂货店也都需要有菩萨。社会的每一个角落都需要菩萨。为了他人，为了这个世界的未来，我们必须改变自己的心，改变自己的行为。

第十七章 意见

如果怀着侵犯之心而坚持己见，即使我们的主张非常正确，其实都只是在替这个地球增加侵略性罢了。

这个地球将因此而更加暴戾、充满痛苦。

培养不侵犯的心，就是培养和平。

平日里如果没有时间静坐，最好的修行方法就是注意自己对事情的意见。静坐的技巧也包括注意自己的意念。我们只是纯然地意识到自己在思考，既不作评断，也不说那些念头是对或错。看见自己在思考，但是不对它怀抱希望或恐惧，不赞许，也不责怪：这就是在修炼不侵犯自己，也是在修炼智慧。可是真正静坐的时候，实际的情况往往不是这么理想。有时候，哪怕只是在几分之一秒的思考里，我们还是会责怪或赞许自己。我们总认为这个意念好，那个意念不好。总之，除了替意念贴上“念”的标签之外，我们还有许多别的念头。

但是，练习静坐一段时日之后，由于我们与自己独处，除了觉察自己的呼吸，注意自己的意念之外，不做其他的事，所以我们的心会越来越安静。这时我们会开始注意到更多的事情。其实不论我们是不是认为自己注意到了更多的事情，我们都已经注意到了。静坐的时候，我们心里会有很大的空间，所以不论冒出什么东西，我们都会看得愈来愈清晰而鲜明。我们会发现自己随时都在翻搅出一大堆的意念，但是其中又有一些空当。另外我们还会注意到自己对这一切所产生的态度。这时我们就开始意识到自己的惯性模式，看见自己的真相和自己的造作，看见自己如何以意见和观念来维系自我。

没有打坐的时候，也可以像打坐时一样注意自己对事情的意见。这种修炼很有帮助，因为我们总是有许多意见，而且都把它们当成了真理。不过事实上这些意见并不是真理，只是我们的意见罢了。我们背后还有许多情绪在支撑着这些意见。这些意见往往是充满着评断和批判的，有时候则是在说某件事有多好、多美妙。不论是什么事，我们都有许多意见。

然而意见只是意见罢了，不多也不少。我们可以注意这些意见，替它们贴上标签，如同我们称意念为“念”一般。通过这种简单的修炼，我们会开始认识“无我”这个概念。那些意见其实就是我们的自我。我们总认为那些意见是坚实的、真实的，它们就是绝对真理，但是，我们只要开始怀疑自己的意见是否可靠，开始怀疑自己的意见是否就是绝对真理，即便只是怀疑那么一下子，都有可能发现无我。我们不必取消这些意见，也不必责怪自己有这些意见。我们要认清的是自己对自己说了什么，这些意见之中有多少是我们个人对真相的片面看法，而别人也许赞同，也许并不赞同这样的看法。

我们可以放掉这些意见，回到当下的经验。我们可以回来看一看眼前那个人的脸，喝一口杯中的咖啡，刷我们的牙，或是做任何事。只要我们能看清楚自己的意见只是意见，甚至能放掉它们，返回到当下的经验，我们就会发现自己已经置身于全新的世界，并且有了新的眼睛和新的耳朵。

我说注意自己的意见，指的是用这个简单的方法去注意自己的思想和行为，以及从中所产生的能量。这样我们就会发现自己有多么固执，而且总想以自己的意见来驳倒别人的意见。投入社会运动特别容易坚持己见。

以臭氧层的破坏为例好了。我们可以理直气壮地说臭氧层变薄是一项科学事实，这并不是一个抽象的意见。但是如果我们认为要想不再破坏臭氧层，就必须坚持我们的意见，坚持反对那些我们认为应该责怪的人，那么任何事可能都无法改善。否定只会造成更多的否定。换句话说，不论我们的主张多么振振有词，多么高贵，只要侵犯了压迫者，侵犯了那些造成这种危险的人，都对问题没有任何帮助。侵犯永远无法改变任何事。

你也许会说不侵犯一样也无法改变任何事，然而，不侵犯是对地球极为有益的态度。饥饿、人与人之间残酷的对待，其根本的原因都是侵犯。如果怀着侵犯之心而坚持己见，即使我们的主张非常正确，其实都只是在替这个地球增加侵略性罢了。这个地球将因此而更加暴戾、充满痛苦。培养不侵犯的心，就是培养和平。要阻止战争，就必须不再仇视敌人。要想阻止战争，就必须明白自己和他人的意见都是对现实的看法之一，所以不该用自己的意见去否定别人的意见。

这其中的关键就在于，看清楚意见和明察之智的区别。智慧就是看到意念只是意念罢了，而不加上对或错的意见。在社会行为上，我们能够很清楚地看到政府、公司或个人的行为污染了河川，伤害了动物。我们对此可以拍照，纪录。我们看得出来其中的痛苦是真实的。之所以能看到真相，完全是因为我们有般若智慧，可以不受善恶、希望、恐惧等意见影响。

要分辨何者是意见，何者是事实，端赖我们自己。只有清楚地明辨两者，我们才有办法明智地认清事实。我们看得越清楚，言行就越有力。我们的言行越不受意见的蔽障，就越能和人沟通——不但能够和污染河川的人沟通，也能够和那些可能对他们施加压力的人沟通。

正如佛陀所说，看到痛苦就是痛苦是非常重要的。这句话的意思并不是要我们漠视或保持缄默；其实只要我们不坚持自己的意见，不坚持对方是“敌人”，就能够成就某些事情。如果能不为自己的愤怒所动，就更能认清痛苦的起因。苦的止息就从这里开始。

这个过程需要极大的耐心。最要紧的是，我们必须记住，如果我们努力以不侵犯的方式追求改革，即使我们关注的议题还没有解决，我们仍然是在促进这个世界的和平。我们必须全力以赴，同时又不抱持任何希望。唐望（Don Juan）曾经建议卡洛斯·卡斯塔尼达（Carlos Castaneda），不管做什么事，都要当它是全世界最重要的一件事，但同时又知道这件事根本无关紧要。这种态度使我们能够欣赏更多的事物，而不至于疲于奔命。因为我们是全心全意在做这件事，而且我们关心它；然而从另一方面来看，每天都是崭新的一天，我们不必过于担忧未来。我们是朝着某个特定的方向在前进的，而这个方向乃是要减少人间的痛苦，但是我们必须明白，这份努力之中有一部分是要保持心智的清明，以及情感与理智的开放。如果情况使我们想要眼不见为净，想要关上我们的耳朵，或者想与人为敌，那么，置身社会运动将是最上乘的修行。这时，要让自己的言行没有侵略性是很大的挑战。这种修行就是要开始注意自己的意见。

不论是我们心目中的压迫者还是被压迫者，这个世界上的每一个人都具有觉醒的佛性。我们都需要勇气和支持，才能觉察自己的思、言、行。请注意自己的意见，如果你发现自己的意见已经开始具有侵略性，请你留意；如果你发现自己已经开始没有侵略性了，也请你留意。培养不论断是非的心，你就会发现一种清新的存在状态。苦最终的止息便源自于此。最后，请永远不要放弃自己。你不放弃自己，就不会放弃别人。全心全意地修行，唤醒自己明察的智慧，可是你要持之以恒，循序渐进地修。如果我们以这种方式生活，我们将裨益这个地球。

第十八章 口耳相传的神圣开示

在这尴尬而暧昧不明的一刻，我们的慧心就出现了。
在日常生活混乱的不确定性中，
便存在着我们的慧心。

当生命陷落时

深夜里或外出散步时，我们可能会跟朋友讨论到我们的生活方式、行为举止或生活中重要的事项。如果我们正在研究佛法，练习静坐，我们可能会谈到无我、空性，谈到布施、忍辱、爱和慈悲等等。我们或许刚看过什么书，听闻过什么法，而颠覆了我们平日看事情的习惯。我们觉得自己突然和一个早就知道的真理重新产生了联结，而如果我们能懂得更多，也许我们的生活会更丰富、愉悦。我们告诉朋友我们很想卸下自己背负已久的重担。我们突然发现那是可能的，因而觉得相当振奋。我们告诉朋友自己所获得的心灵启示，而这一份启示又是如何开展了我们的生命。我们说："同样的事情，以前总是令我感到消沉，现在却觉得很有兴致。我们确实是可以喜欢自己的职业的，喜欢搭地铁、铲雪、付账单、洗碗等等的。"

不过，你也许已经注意到，我们的观念及友善的意图与现实之间往往存在着恼人的或令人沮丧的出入。真实的生活有许多繁琐的细节必须处理，我们时常会面临挑战。

有一天下午我在旧金山搭公交车时读到一篇非常感人的文章，文章中探讨的是人类的痛苦以及如何助人的问题。当我读到有关布施以及去亲近那些需要帮助的人的那一段时，感受非常强烈，禁不住哭了起来，车里的人眼睁睁地看着我泪流满面。我当时心中充满了对每一个人的温柔之情，并且暗自许诺要利益众生。可是一回到家就接到一个人的电话，问我当天晚上能不能帮她带一下静坐课程。我已经工作了一整天，觉得相当疲倦了，于是就告诉她："很抱歉，我要休息。"然后就挂断了电话。

这并不是选择得对或错的问题，而是我们经常碰到心灵启示和现实状况相冲突的两难之局。我们的心灵启示和疲倦、饥饿、压力、恐惧、消沉、愤怒等生活经验之间时常有一份紧张感，令人不知如何是好。

11 世纪印度瑜伽宗师那洛巴有一天在街上遇见一个丑婆娘。这个丑婆娘显然知道他是印度最伟大的佛教学者，于是就质问他对手上抱的那本大书是否每一个字都了解了。他回答说是的，她就笑了起来，开心得手舞足蹈。接着她又问他是否了解其中所说的佛法的含义，他说了解，这一回她居然勃然大怒，斥责他是骗子，骂他虚伪。这个遭遇改变了他的一生，他知道丑婆娘一眼看穿了他的底细：他虽然可以把书中的佛法解说得天花乱坠，但其实他根本不懂其中的含义。

我们或多或少都会发现自己也是如此。我们可以一时欺骗自己，声称自己已经了解了静坐和佛法，然而我们迟早得面对真相。挚爱的人离我们而去，孩子在超市里闹脾气给你看，在办公室里遭到同事的羞辱，等等，碰到这类事，我们平常学到的东西就完全使不上劲了。如果老板走进我们的办公室对我们臭骂一顿，你会如何处理心中的这份怨恨感？我们平常渴望自己对人开放、慈悲，不伤害别人，也不伤害自己，现在你要如何将这些东西和你的挫败感及羞辱感互相调和？你打坐总是一坐下来就睡着，但是你平常一直很希望自己静坐时能保持清醒，那么你要如何调和这两者？你坐下来打坐，心里却一直渴望着刚才在路上见到的一个人或某样东西，这时你该怎么办？静坐的时候你会觉得无聊，而且腰酸腿麻，所以你动个不停，那时你又该怎么办？那时候我们并不安宁、清醒、无私，而是变得更加焦躁、易怒、固执。

这都是发现自我的有趣时刻。对于修行人而言，这些状况都是非常重要的。

那洛巴后来决心寻访明师，了解文字背后的意义，但是他却一直陷在这份冲突中。在知识的层面，他完全理解慈悲，然而路上遇见了癞痢狗，他却转头不想看。他知道所谓的不执著、不评断是什么意思，但是当师父要他做一件事，他却因为不认同这件事而拒绝了。

我们会不断地发现自己落入这样的困境，这时我们就应该设法安住在那个状态中。那种状态是非常令人不舒服而窘困的，像我们这样的人也时常会放弃。我们只有在得到心灵启示、觉得自在或路子走对的时候，才会喜欢静坐，肯定佛法。但是，如果我们感觉修行是一种负担，觉得自己选择错了而失望的时候，我们又会如何？我们遇见的人并不全是心智清明的，事实上他们可能是十分困惑无明的人。我们生活的地方也可能不是那么理想的，就连师父都可能有问题。

静坐和生活中出现的冲突就是我们要学习的事物。这个冲突点我们既无法接受，也逃脱不了。我们陷在岩石与硬地之间，卡在高超的理念和眼前活生生的事实之间——然而这的确是个会开花结果的地方。

我们一旦陷在困境中，我们的心就会变得十分狭小。我们会觉得自己很悲惨，像个受害者、可怜虫或是绝望的病人。然而信不信由你，就在这种恼人、困惑而又尴尬的时刻，我们的心还是可以变得很宽阔。我们可以不认为这就代表自己很弱，别人很强，自己很笨，别人很坏。我们不去抱怨自己和别人。我们可以纯然安住在那种状态中，既不想知道该怎么办，也不防卫，只是和当时那原始而温柔的能量安然共处。就在这种时刻，我们开始了解观念和文字背后的真实含义。

我们已经太习惯逃避不舒服了。不喜欢一件事，我们就怪罪别人或责难自己。处在无所依恃的境地，我们偏偏想觅得安全感与确定感。

所以下一次再感觉无依无恃，不要再认为那是障碍，要认为那是好运当头。无依无恃会激励我们，我们的心会因此而柔软。这样，只要经过一段时日，我们就会真的成长。创巴仁波切说，最好的咒语就是：“嗡——成长——娑婆诃。”

我们随时都有改变的机会。我们可以执著于安全，也可以像初生婴儿一般，赤裸裸地跃入光亮的人生，将自己暴露在这个世界中。

也许这些话听起来很不舒服，或者很恐怖，但是从另一方面来看却是一个大好的机会，让我们了解这个俗世就是我们所拥有的一切，我们可以用全新的眼光来看待它，然后从“成见”这种长久的昏睡状态中觉醒过来。

中国古代的一位法师说过，真理既不是这样，也不是那样。真理如同狗想喝沸油，它走不开，因为这油实在太香了，但是又不能舔，因为太烫了。

所以我们要如何看待这个困境呢？不论如何，到最后总会有人鼓励我们探索这个未知的领域，探索“接下来会如何”的解答。

在这窘困的一刻，我们才能体悟当下。在这尴尬而暧昧不明的一刻，我们的慧心就出现了。在日常生活混乱的不确定性中，便存在着我们的慧心。

我们需要一些鼓励来实验与尝试这样的修行。这是相当大胆的举动，我们或许会觉得自己能力不足。但其实这就是重点所在。那种有所欠缺的、不安的感觉就是我们的慧心。我们可以做个实验，绝对不会有什么损失的。我们可以实验看看自己能不能不被对与错弄得团团转，看看自己能不能学着放松，安住在无依无恃的境界中。

小时候我有一本图画书，书名叫做《圣人的一生》(*Lives of the Saints*)，故事里的圣人都是一辈子从来不生气、从来不对人存有坏念头、甚至从没打过苍蝇的人。我后来发现这本书根本无法引导我们过人类该有的善良生活。对我而言，《密勒日巴的一生》(*The Life of Milarepa*) 反而更具有启发性。这几年，我一读再读这本书，每次觉得自己停滞而无法前进的时候，我都能从这本书中得到启发。起初，密勒日巴杀了人，他和多数人一样，很想补偿自己的罪愆。而在追求解脱的过程中，他也和多数人一样时常失败。他说谎，偷东西。他曾经因忧愁想到自杀，也曾经非常怀念往日的美好时光。和大部分人一样，他的一生中一直有一个人在考验他，企图掀开他的假面目。甚至几乎每一个人都认为他是西藏最神圣的人了，他的老姨妈还是常常打他骂他。他时常在想怎么对治这窘迫不堪的困境。

我们应该感谢有那么多老师都曾经坚定不移地面对这类困境。他们一再受到考验，一再失败，可是仍然努力探索如何安住当下，不寻求什么依恃。他们一辈子修持又修持，为的就是当自己的观念和理想变得毫无意义的时候，还能不放弃自己，不逃避。他们通过自己的经验把勇气传递给我们，使我们遇到巨大的困境时也能够不逃脱，并且能如实地看着它，而不是以眼角余光偷偷地瞥一下就转移视线了。他们教导我们如何彻底体验这些困境，并将其视为无任何属性的平常之事。

当年那洛巴发愿探索道途中一切事物的奥义，他的师父帝洛巴（Tilopa）给了他以上的开示。但愿我们和他一样勇敢，也能试着去探索个中奥义。

第十九章 对治混乱的三种方法

然而我们的方法却是要消解二元对立的挣扎，去除我们总想对抗内在与外在处境的惯性倾向。这些方法要我们朝着困难迎上去，而不是退缩。

不过我们时常得不到这样的鼓舞。

我们修行，为的是解除重担——解除渴欲、侵略心、无明、恐惧所造成的狭隘观点。和我们一起生活的人往往变成了我们的负担，生活中的一些状况，尤其是我们自己的个性，也变成了我们的负担。

通过修行，我们了解到自己实在没必要去遮蔽那随时都存在于当下的喜悦与开放。我们可以很清醒地意识到自己的善——那是我们天赋的权利。能够做到这一点，忧郁、烦恼、不悦就不会变成我们的负担。这时候我们会觉得生命如同天空、海洋一般宽广。我们有的是空间可以放松，呼吸，泅水——泅水到大海深处，不再拿海岸当做寄托。

这份重担感要如何对治？这个横阻在我们该有的幸福和我们之间的东西，要如何对治？如何才能放松下来和根本的喜悦联结？

时代越来越艰难，觉醒已经不再是什么奢侈或理想，而是关键所在了。这个世界充斥着沮丧、气馁、愤怒，我们不必再添加这类东西了。如何神智健全地面对这艰困的时代才是根本问题。地球好像在恳求我们和喜悦联结，追寻自己内在的本质。要裨益他人，这可能是最好的方法了。

有三种方法可以使我们直接面对艰难的处境，并且把艰难的处境当做觉醒与喜悦之道，其中一种是不对抗，一种是以毒为药，还有一种是以烦恼为菩提（觉醒的智慧）。这是对治生活中的混乱、艰困，以及回避事实的三种方法。

第一种方法不对抗，概略地说就是止念与内观。静坐的时候，不论心里冒出什么东西，我们都直接正视，称其为“念”，然后再回到当下纯然的呼吸之上。我们如此这般一次又一次地回归纯然的、不存概念的觉察。静坐就是不再和自己对抗，不再和环境以及自己的情感、情绪对抗。这个方法，我们在静坐或日常生活中都可以练习。不论心中冒出什么东西，我们都用不评断的态度看着它们。

这个方法可以对治那些伪装成各种形态的不悦。不论冒出的是什么东西，我们都要一次又一次地练习正视它，观察它原本的模样，不去责备它，不去打压它，也不转移目光。让心中的剧情自然进展。我们内心最深的本质是毫不偏颇的。现象出现了又消失了，来了又走了，如此而已。

这就是对治痛苦——全球的痛苦，本地的痛苦，任何一种痛苦——的基本方法。不论发生什么事，都正视它的真面目，而不把它当做敌人看待。这个方法能够帮助我们牢记，修行并不是为了成就什么——不是为了争个输赢——而是不再对抗，放松下来。打坐为的就是这个。这样的态度要终生贯彻到底。

这很像是在邀请那些自己害怕的东西，要它们在我们身边多驻留一会儿。密勒日巴对跑到他洞窟里的妖魔唱道："你这个妖怪今天来的真好，你明天一定还要再来。我们可以常常聊一聊。"

西藏瑜伽行者玛吉拉珍（Machig Labdrön）修的就是这个法门。她说，她们的传统并不驱魔，而是以慈悲相待。她们师徒口耳相传的一句话就是："接近自己厌恶的东西，帮助你自认无法帮助的人，到你害怕的地方去修行。"这个法门就是从静坐、不和自己的心对抗开始进行的。

处理混乱的第二种方法乃是以毒为药。我们可以把困境——也就是毒——当做促成觉醒的燃料。大体而言，这个法门可以从施受法开始进行。

发生麻烦事的时候——冲突、卑劣之事，或是令人觉得厌恶、尴尬、痛苦之事——不要立刻想着消除，而是反过来把它吸进来。三毒包括贪（渴欲、上瘾）、嗔、痴（否认或封闭自己的倾向）。我们通常都认为这些毒不好，必须避免。但是，我们在这里不采取这种态度，反而把三毒当做慈悲与开放的种子。痛苦生起的时候，行施受法就是让状况自然进行，然后把它吸进来——不但吸进自己的愤怒、不悦、孤独，也吸进此时此刻他人的愤怒、不悦或孤独。

我们为每一个人吸进这些毒素。这些毒素指的不只是我们自己的不幸、罪愆、污点或羞辱，它们根本就是人类遭遇的一部分。我们和一切众生有着亲属关系。我们有了这些，才能设身处地为他人着想。我们不把它们推开，也不逃避，而是把它们吸进来，与其完全联结。我们要如此观想，并且怀着宏愿希望每一个人都能免于痛苦。接着我们再呼气，释放出广大的空间感，释放出畅通与清新感。我们要如此观想，并怀着愿心希望每一个人都能够轻松下来，体验自己内在的本心。

从小时候开始，大人就一直告诉我们说，我们有缺点，这个世界不好，有很多事都不对劲——一切都不完美，太粗糙，太苦涩，太吵，太软弱，太尖锐，太乏味。我们因此养成了一种总想让事情变得更好的习惯，因为我们总觉得此刻有些事不对劲，有些事是错误的、有问题的。然而我们的方法却是要消解二元对立的挣扎，去除我们总想对抗内在与外在处境的惯性倾向。这些方法要我们朝着困难迎上去，而不是退缩。不过我们时常得不到这样的鼓舞。

不论发生了什么事，事情本身不但有助于我们修持，而且根本就是我们的道途。不论发生了什么事，我们都可以当做是促成觉醒的工具。所有发生的事——矛盾的情感、思想或外在的状况——都是在提醒我们已经进入昏睡状态，而我们是可以毫无保留地彻底觉醒的。

所以，第二种方法就是以毒为药，利用困境唤醒自己去关心同样在受苦的他人。有一句话说："当世界充满邪恶之事的时候，所有的不幸、困苦都可以当成开悟之道。"上述的观念就是从这里产生的。

第三种对治混乱的方法就是把所有发生的事都当做觉醒的能量。我们可以把自己看成已经觉醒的人，把这个世界看成圣境。将所有生起的事物都视为智慧的能量，在传统上所采用的是天葬场的意象。西藏的天葬场就是我们西方人的墓园，却没有我们的墓园那么优雅漂亮。在我们的墓园里，遗体是埋在整齐亮丽的草坪底下的，墓碑上还刻有天使、碑文等等。在西藏，地表非常冷，人死后遗体先被切成几大块，然后抬到天葬场，等待兀鹰来吃。我相信天葬场的气味并不好闻，场面也是让人心惊胆战的，因为地上到处都是眼珠子、头发、骨头或人体的各种脏器。我曾经在一本描写西藏的书里看到一张照片，照片中有几个人正要把尸体抬到天葬场，而天葬场上已经有许多兀鹰——它们差不多有两岁小孩儿那么高——围成一圈在等着吃尸体。

我们西方世界里最类似天葬场的也许不是墓园，而是医院的急诊室。我们可以把急诊室这个意象当做修行的基础，因为它诚实地展示人间的运作规律。急诊室里有各种气味、腥膻的鲜血和各种突发状况，却又同时充满着智慧、滋养我们的健康食品和一些纯净而有益的东西。

我们总是习惯性地想逃避冲突，让自己变得更好一些，把事情修饰得更美一点。我们总想证明痛苦是一种错误，以为事情都做对了就不会再有痛苦。但是如果把所有生起的现象都视为觉醒的能量，那么借着这种观点就能逆转我们的习性，鼓舞我们去观察自己生活中的天葬场，以其作为修行的基础。

我们在日常生活中时常感到惊慌失措，和别人起争执的时候，我们会气得心跳不已，而美好的计划落空时，我们就感到胃部在翻搅。我们要如何走进那些剧情中？我们要如何处治希望或恐惧这类魔障？如何才能不再和自己对抗？玛吉拉珍建议我们到自己害怕的地方去，但是我们要怎么做？

我们要学习不让自己"好的一面"和"坏的一面"分裂，不让"纯洁的一面"和"不洁的一面"对立。我们最根本的挣扎就在于我们总是想对治自己的不妥感、罪恶感，对抗那种以自己为耻的感觉，但是这些都是我们必须善待的东西。重点在于我们可以消除"我们"与"他们"、"这个"和"那个"、"此处"与"彼处"的二元对立，只要我们能迎向那些被我们视为困难而想排除的东西。

提到日常生活中的经验，这些方法鼓励我们不要为自己感到尴尬。没有什么事是足以令人尴尬的。这很像各国特有的食物一样。我们大可骄傲地展示自己的犹太汤团（matzo balls，译注：逾越节食用的不发酵面球），印度咖喱，非洲的美式猪肠，美国中部的汉堡、炸鸡。我们有太多东西可以自豪了。混乱是我们家园的一部分。我们与其去寻找更高、更纯粹的东西，不如就面对这些真实的现象。

我们生活的世界，我们心目中的自己，都是我们修行的基础。这个被称为人生的天葬场就是智慧的显化。这份智慧既是自由的基础，也是混乱的基础——每一个当下我们都在选择。我们到底该往哪一条路走？该如何面对我们生存中的种种现象？

不对抗，以毒为药，把所有生起的现象都视为智慧的示现——这就是三种处理混乱的实际方法。首先，我们可以学习让剧情自然发展，放慢速度，安住于当下，放下所有的评断、成见，完全不对抗。第二，我们可以换一种态度来面对痛苦，我们不把痛苦推开，而是把它吸进来，同时希望每一个人都不再受苦，每个人心里都得到平安。我们可以把痛苦转化成喜悦。第三，我们可以承认痛苦的存在，黑暗的存在。内在的混乱，外在的混乱——这些都是基本的能量，智慧的显现。我们可能把自己的处境看成天堂，也可能视为地狱，这完全取决于我们所采取的观点是什么。

我们有没有办法放松下来，开心一点？每天早上醒过来，就把这一天奉献出来致力于学习这一点。我们可以培养幽默感，练习放松。每一次静坐都可以当做是在练习自在，培养幽默感，放松下来。诚如一个学生所说的："降低标准，轻松面对自己现有的一切。"

第二十章 没有选择的余地

除非我们能把一切都揭开来，否则我们是无法彻底体验这个世界的。

三昧耶誓意味着不保留任何东西，

不留退路，不另觅他途，

不认为以后还有时间去做什么事。

佛法是针对没有时间好浪费的人设计的。不论我们自觉或不自觉，这里所指的当然包括我们每一个人。从佛法的观点来看，自认以后还有很多时间可以处理某件事，其实是最大的迷思，最大的障碍，最剧烈的毒。我们总是一直在逃避自己的所作所为，这种根深蒂固的倾向遮蔽了我们的知觉与思考。如果我们知道自己今天晚上就要失明，我们一定会依依不舍地真正欣赏一下每一根青草、每一片云、每一粒尘埃、每一道彩虹、每一滴雨珠。如果我们知道我们就要失聪，我们一定会很珍惜自己现在听到的每一个声音。金刚乘的教诲就是用方法惊吓我们，让我们警觉自己时间所剩不多，生而为人是多么珍贵的事。

金刚乘里有一种东西叫做三昧耶誓（samaya bond），如果依循三昧耶誓修持，那么学生所有的经验都是道。在道途中的某一个阶段，学生经历了心智上的种种探索之后，会觉得自己已经准备好跟老师进入三昧耶誓的关系。只要学生完全接受老师，相信老师，老师也接受学生，他们就可以进入所谓的三昧耶誓这种无条件的关系。从此以后，无论学生多么困惑不明，老师都不可以放弃学生，学生无论如何也都不可以离开老师。

师徒相互结合，就像是为了达到解脱而组合在一起的人。三昧耶誓又被称为神圣的誓约或神圣的承诺，不过其中并没有什么神圣不可侵犯的东西，而只是一项追求健全神智——无法摧毁的健全神智——的约定。三昧耶誓如同与实相的婚约，与现象世界的婚约。不过这个婚约是个骗局，又有一点像健忘症，我们以为嫁给这个对象是出于自己的选择，但是我们不知道自己早就嫁给他了。

三昧耶誓之所以是个骗局，是因为我们一向都以为要不要追求健全的神智，自己是有选择权的，我们并不知道其实我们从来就没有选择。这是个慈悲的骗局，为的是帮助我们了解自己根本没有出口。除了当下之外，没有什么更美好的时光了；除了我们现在的意识状态之外，没有什么更高的意识状态了。这个骗局是金刚乘的法师闲来无事为了自己高兴而设计出来的方法——“我们如何才能骗一骗这些疑惑不驯的人，让他们明白他们其实早已开悟——他们根本没有选择？”

从三昧耶誓的观点来看，我们可以说，就因为我们老是在另觅他途，所以才无法了解自己其实已置身圣境。另觅他途——更好看的风景、更好听的声音、更好的心——使我们不了解生活就是神圣的道场，我们可以在其中自豪地昂首挺立。我们有一种根深蒂固的倾向，总想像只虫子一样扭出生活道场之外。我们好像针尖上的甲虫，很努力地扭着身体，想挣脱针尖那个点。

金刚乘提出了各种三昧耶誓，都是为了让我们了解自己已经身在实相中。这种种的三昧耶誓皆是设计出来的骗局，为的是让我们了解眼前的状况根本没有选择。纵然我们全身的每一个部分都想开溜，我们还是离不开自己的身体。要进入圣境已经没有别的路了，我们不能再认为我们可以逃到别的地方定居下来。我们只能放松——不论是处在疲劳、消化不良、失眠、焦虑还是欢愉等其他状况，我们只有放松一途了。

最重要的三昧耶誓就是身、口、意的三昧耶誓。第一种系乎身，系乎色相，系乎眼中所见的一切——目不转睛地看着眼睛所见到的东西。

据说身、口、意三昧耶誓如同河水一般不停地流着，但是我们平常的经验却不是这样的。我们的知觉一旦变得鲜活，就会兴奋起来。世界一直都在展示着自己，不断地对我们招手、眨眼，可是我们一向只注意自己，所以什么也看不到。但是如果我们目不转睛地看着它，整个世界就会变得极为鲜活，却又是透明而没有实质性的。我们说的可不是什么远在天边的东西，而是近在眼前的事物。看着近在眼前的那个人，看看他的头发是直立的，还是垂下去的；是脏的，还是干净的；是梳理整齐的，还是乱成一团的。再看看树上小鸟黑色的翅膀和尖尖的喙。我们看到的东西可以把我们从痛苦的轮回中拉出来。

一旦专注于眼前所见的一切，我们的经验就会变得鲜活而透明。这时我们就无法不领会其中的信息了，而且这个信息还是没有经过诠释的信息。事物本身会说话。红色坐垫并不一定代表激情，小老鼠跑来跑去只是小老鼠跑来跑去罢了。

声音也是一样。从早上把我们吵醒的闹钟声到晚上先生的打鼾声，我们听到的每一个声音或每一个平常的声响，都只是一种声音罢了。我们都知道什么样的声音会惊吓到我们，可是你在笔记本上写字时又会发出什么声音？翻书的时候发出的是什么声音？你自己的嗓音又如何？听到自己的声音会觉得很有趣，因为听起来不像是自己的。我们可以注意听自己所说的话，看看这些话如何进入外在的环境中，和人产生交流。这种做法有一股力量，能够把我们从轮回的困局中拉出来。即使是独处时自己的哈欠声和屁声，也能传达一些讯息。所以，不论什么声音——小鸟的吱吱叫，刮东西的声音，嘀嘀咕咕的怨言，嚼东西的声音，喝水的声音——都能把我们唤醒。三昧耶誓指的就是，只要我们不再逃避自己的经验——认为还有更好听、更能带来启示或比较不恼人的声音——我们所听到的声音就会变得非常清晰而透明。

心也是一样。在修行的过程中，我们发现自己的意念不会因此而消失，反而会变得更清楚，更没有针对性。在心这个层面我们之所以会破坏三昧耶誓，是因为我们总想把事情分出对错，总认为自己还有其他的选择，而无法安住在不企图解决什么的本然状态。我们可以说，就心的层面而言，一旦破坏了三昧耶誓，我们就会感觉老是有问题必须解决，总觉得有问题或找到了解答。这种情形可以让你明白，守住三昧耶誓有多么困难。

传统认为守三昧耶誓就如同擦拭镜子一样：才刚刚擦亮，立刻又沾上了灰尘。三昧耶誓是纯粹经验性的东西，稍有分心，即刻脱离。然而，只要回归当下这一刻，就能立刻弥补回来。

创巴仁波切在《大手印精要》(*Sadhana of Mahamudra*)中，对身、口、意三昧耶誓有很美妙的描述："肉眼所见的一切色相，从空性来看显然是失真的，可是色相仍然存在。"他说，这就是我们上师的化现。"耳中所闻的一切都是空性的回声，可是却又那么真实。"这些极为平常的声响都是我们的上师所发出的音声。我们所有的意念或记忆，"不论好坏、快乐或悲伤"，都"像小鸟在空中飞翔的形迹一样，幻化于空性中"。这些不断生起的意念，就是我们上师的心。我们从中开始认识到一个事实，那就是，我们的上师其实和我们的经验是没有分别的；我们领悟到除了自己的经验之外别无选择。我们的经验就是唯一的经验，就是最究竟的上师。

有一句名言说，修行金刚乘必须时时戒慎恐惧，但是又要保持彻底的清醒。这种状态对我们而言实在太陌生了，我们会为之胆怯。以前我曾经苦练过一种法门，每次总练上几个小时，可是仍然定不下心来。于是我告诉仁波切说，我对任何事情都感到不舒服，连看到灰尘都感到烦躁。仁波切告诉我，那是因为我们修行的法门要求我们保持清醒，而我们一时还不习惯。

从三昧耶誓的角度来看，所谓的承诺指的是完全投入。完全投入于觉醒，投入于自己的经验，投入自己与实相的那份无条件的关系。人们总是说他们希望自己能无条件地爱人，也能无条件地被爱。我们如果能拥有一份无条件的关系，一定会非常欣慰，不过前提是必须符合我们的条件才行。凡是已婚或拥有长期关系的人都知道，这份关系会遭遇多大的挑战。这些挑战就在于能否妥协，能否放弃自己做事的方式，或是在关系紧张时能够不破裂。基本上这些挑战的关键就是要我们真实地感受自己的心跳，感受自己的膝盖在发抖。真实地感觉自己的任何反应，然后安住于其中。简而言之，很少有人允许自己处在毫无退路或毫无出口的情况。

1960 年代我住在新墨西哥州，时常去做蒸汽浴。每次去，我一定坚持坐在靠门口的地方，因为如果不坐在门口，我就会出不来，里面一定会越来越热，我可能会死在里头。可是如果我能坐在门口，并且知道自己随时可以脱身，那么我就有办法做完蒸汽浴。当然，即使我坐的靠里，我还是会做完，不过我会变得紧张兮兮，而无法好好享受蒸汽浴。但是，自从发了三昧耶誓之后，我就不再坚持坐在门口了。三昧耶誓是最终极的骗局，它使我们终于有胆量去体验我们的经验，它也是使我们进入永恒神性的唯一入口。

如果我们还没准备好响应这项要求，就必须再走一段路。我们只能从困惑、狂傲出发，接受静坐和佛法的驯服。不论听见什么教诲，都尽力在日常生活中实践。这份真诚的努力一定会使我们宁静下来。我们不可能一下子就达到圆满境地，安于日常生活的一切。我们必须经年累月地修行，诚实地探索，才会开始相信自己的本慧。这时候我们就会发现自己根本的智慧，根本的善心。这份智慧和善心比我们的无情及侵略性更强大更根本。在修行过程中，我们会发现这份智慧，就像发现天空和太阳其实一直都在那里，而风雨和乌云来了又走。不知怎的，我们自然而然就接受了事情是没有退路的。

翻译家玛尔巴是那洛巴最优秀的学生。有一次玛尔巴要到印度去，行前想把自己积蓄的金子送给老师。玛尔巴并不小气，也不怯懦，他是一个十分勇敢而大胆的人。譬如，他的家人和朋友想找人陪他去印度，可是他拒绝与人同行，虽然他已经五十来岁，健康情形又不好。

话说他把自己最后的礼物献上，但是仍保留了一点金子——我们都会这样。说起来这也算合理，因为他要走远路，需要一点——只是一点点——盘缠。可是那洛巴却说："你以为你骗得了我吗？"玛尔巴只好把全部的金子都拿出来。那洛巴拿了金子却往空中一丢，说道："整个世界对我而言都是金子。"玛尔巴就这样了悟了更深的实相。

除非我们能把一切都揭开来，否则我们是无法彻底体验这个世界的。三昧耶誓意味着不保留任何东西，不留退路，不另觅他途，不认为以后还有时间去做什么事。

在某种意义上，所有建立于三昧耶誓的关系都能使我们柔软下来，不再欺骗自己，不再聋，哑，盲，能够永远接收到事物中的信息。与金刚乘导师建立三昧耶誓的关系能够帮助我们，使我们认清只要和人——即使只有一个人——建立了无条件的关系，我们就能够和这个世界建立无条件的关系。未曾建立这份关系之前，我们一直以为我们有路可逃，还可以挣脱，但是建立这份关系以后，不论发生什么事，我们都得承担起来，不再逃避。

密勒日巴是玛尔巴的大弟子，一开始的时候他们的关系很不好。其实密勒日巴一点都不怀疑玛尔巴的智慧足以引导他开悟，他告诉玛尔巴说："我的身、口、意全都皈依你，请你帮助我明心见性。"于是挑战就开始了。由于他之前累积了许多业力，尤其是曾经杀过很多人，造成了许多人的痛苦，为了卸下这些负担，他必须历经考验。于是玛尔巴要他造塔，每当塔快要盖好了，却要他拆掉重盖。他皈依玛尔巴的前几年感觉非常痛苦，他建塔建到手背酸痛，不但得不到玛尔巴的教导，反而受到诸多侮辱。然而他从不怀疑玛尔巴的动机。事实上，玛尔巴虽然很少表现出来，可是他的确全心疼爱密勒日巴，一心只想帮助他彻底解脱。密勒日巴每次接受了自己的现况，放下了愤怒、沮丧、傲慢，也就同时放下了长久以来的包袱。如此这般到达某个境地时，他已经完全赤裸，也就没什么东西可以丧失了。于是玛尔巴开始教导他，他们的关系自此进入了温馨柔软的阶段。

这都只是一些过程罢了。一开始的时候，由于我们逃避的习惯还相当根深蒂固，所以必须设计一种花招来把自己绑在原地，这种花招就是练习静坐。起先我们所接受到的指示只有不离身、口、意。年复一年，我们只重复练习一件事，那就是回归到每一个当下的经验。

和导师定下三昧耶誓，进入无条件的关系，就像是把头伸进鳄鱼的嘴巴一样。我们需要一些时日才能决定自己要不要长期和那只鳄鱼死守在一起。

这个过程对我个人而言是渐进的。我初见创巴仁波切时心里就想着："这个人我是骗不了他的。"于是就搬到科罗拉多，以便多接近他。我虽然接近他，不过心里可没准备好要投降。

他时常吓我，令我非常生气。但这样的做法其实是有它的智慧的。当时我不知道自己能不能信任他，最重要的是，我不知道自己是否敬爱他。我还记得有一次闭关的时候，我望着他的照片不禁哭了起来，因为我感觉不到自己所设定的那份虔诚。

可是我还是一样接近他。每当我觉得进退维谷或者豁然开朗时，他是我唯一能深谈的人。他总是能洞悉我内心的幻觉。他时常在我意想不到的时刻——在人群当中，或开会的时候——突然跟我讲话，问我问题，或者丢下一句话，让我的念头完全静止下来。

当了很久的学生，修持金刚乘很长的一段时间之后——比一般修行者与导师所建立的三昧耶誓的关系都要久得多——我终于明白我可以拿自己的性命来信任他了。不论他说了什么话，做了什么事，他就是我和圣境的桥梁。缺少了他，我没有任何线索可以了解个中的奥义。我跟随他的教导，渐渐觉醒以后，终于开始明白他无限的慈悲和心量的广大。从此以后我唯一想安居的地方，只剩下了鳄鱼的嘴巴。

我说三昧耶誓是一种骗局，意思是说这个骗局让我们了悟我们和现象世界的关系是没有选择的。我们真的没有任何选择。那个我们自认为的选择其实只是自我罢了。这份“选择”好像眼罩、耳塞、鼻夹一样遮蔽了我们，使我们不知道自己早就置身圣境之中。我们早已饱受制约，只要椅子一热，甚至只要认为椅子快热了，我们就赶紧跳开。但是三昧耶誓这个骗局却要我们安坐在椅子上，投入这个“坐热椅”的经验。不论有没有和某位导师建立三昧耶誓的关系，上述的体验都是生命的重点所在。

我们到底想把自己许诺给什么？是想掌控我们的生活与世界，谨慎地玩这一场人生的游戏，以便获得安全感与肯定，还是一层深于一层地投入对慈悲的体会？问题永远都一样：我们皈依的对象到底是什么？我们皈依的是那些狭隘的、自我满足的行为、言语和心念，还是勇士精神，大跃进的勇气，以及超越日常安全地带的决心？

第二十一章 扭转轮回

我们平时总觉得自己有什么大问题需要对治，

但是老师的指示却要我们停下来，做一点不寻常的动作，

不要匆匆忙忙朝着以前习惯的方向跑，而上了同样的圈套。

不知为何我们总是跟佛法保持一段距离。我们似乎把它当成了一种哲学或提升自我的速成课，不论别人怎么鼓励我们打坐或研读与我们情感生活有关的佛法，每次碰到问题，我们还是忘记善用这些方法。当我们为某人心碎或生气的时候，或是因为某件事想报复、想自杀的时候，我们往往认为静坐或佛法无法发挥功效，无法解决真正的问题。

很多人都说光凭静坐是不够的，我们还需要治疗和支持团体，才能处理那些进退维谷的问题。他们深深觉得佛法无法穿透到我们问题的底层。

我也时常建议学生们尝试一些治疗方法。我认为对某些人而言，这些善巧方法非常有帮助。和不作评断的治疗师密切合作，往往能克服恐惧，培养慈悲心。不过我也知道佛法不但更具有革命性，而且——对许多人而言——更能提供我们需要的工具和支持的力量，从而发现自己的美、洞见以及处理痛苦和神经官能症的能力。

关键就在改变我们的习惯，尤其是改变心运作的习惯。还记得很久以前有一天，我突然明白了境由心生的道理。我发现我们总是以一成不变的方式来产生反应，其中的一种状况和金钱有关。当时我们快没钱了，我开始紧张起来，觉得自己头上坐着一个十分沉重的东西。我开始惊慌失措，我必须想点办法。如果没有解决这个问题，我就轻松不起来。我根本没办法欣赏水面的阳光或是安坐在窗外那棵大树上的老鹰。

这种状况我太熟悉了，但是这一次我为什么观察得这么清楚，连我自己也不明白。或许这是几年来诚实而不批判地观察自身经验的结果，又或许是多年来在打坐中看清楚自己何时会心思散乱、何时又能回归当下的结果。

反正，那一天我看清楚了这整件事。就在惯性的反应中，我看见了自己内心的活动。我不但看见了自己内心的活动，也停了下来。我不再按照以往的习惯企图拯救那一天所面临的困境，我决定不再急着扭转祸事。“只有我能够拯救大家”这种想法一生起，我便只是看着它，任其自然生灭。我决心看看如果自己不增添任何东西，事情会变成什么样子——即使一切都瓦解了，我也要看一看后果会如何。有时候你真的必须让一切都瓦解。

停止行动是第一步，也是最难的一步。不挽救事情，这完全违背了我做事的习性。我感觉好像有一个巨大的轮子，带着无比强大的动力一直在往习惯的方向滚，而我却想把它扭转过来。

佛法讲的就是这个东西。扭转所有的习性，把我们固化事物的倾向扭转过来，也就是扭转轮回。我们平时总觉得自己有什么大问题需要对治，但是老师的指示却要我们停下来，做一点不寻常的动作，不要匆匆忙忙朝着以前习惯的方向跑，而上了同样的圈套。

佛法里有许多教诲可以扭转现实，比如我们曾经听过的“冥思所有会引起嗔恨心的东西”、“向尖锐靠近”，等等。我的老师当年在西藏时，他的老师就是教他用这种生活方式修行的。他说这就叫做实相的不二本质。

我们可以把上述的教诲应用在生活中，使我们对事物的知觉产生根本的变化。

我的第一步就是决定不再从自己的习惯产生行动。佛法说现实是我们自己创造的，我们知觉到的一切都是自己的投射。我修行的第一步就是去实验和探索这一则佛法。

我心里的一切活动都急着要照以往的模式行事，可是我记得佛法说我们必须扬弃善恶对立的观念，否则这个世界在我们看来永远不是善神就是恶魔。我想探索这句话的真伪。

由于我已经学会善待自己的意念和情绪，所以我进行这项实验的态度还不至于僵化或严苛。如果不培养对自己的无限友爱，我们在道途上是不会进步的。静坐、听闻佛法都能提醒我们这一点。

有一次我到得克萨斯州的奥斯汀传法。我提醒他们称自己的意念为“念”的时候要注意自己的口气，如果口气太严峻，就柔和地再说一次。周末之后，有一个人跑来找我，说他很喜欢这个法门：“我真的很受用。现在我只要心思散漫，我就对自己说：‘兄弟，念。’”

然而，许多人纵然经过多年的修行，态度还是相当严苛。我们总是怀着罪恶感修行，好像只要修得不对，我们就会遭到摈弃一样。我们修行好像是为了雪耻，我们似乎很怕别人批评我们打坐的功夫不够高。有一则笑话说，佛教徒如果不打坐就会有罪恶感。这样的态度是完全没有乐趣的。

或许最重要的法门就是放松和开心了。它可以帮助我们那混乱的狂心忆起自己本有的温柔，然后将其扩散出来，把抱怨和自我苛求这些锐角磨圆。

有的人接受别人比接受自己容易。我们总觉得慈悲应该是保留给别人的，而始终不明白对自己也要慈悲一些。

我的经验是，只要修行时不抱什么“应该如何”的观念，我们就会逐渐发现自己的信心和觉醒之心。除了诚实和慈悲之外，不需要有什么进度表，我们就会渐渐地在这个无常的世界，在当下这独特的一刻，在自己这个宝贵的人身上，负起安住于此时此地的责任。

最后我终于到达某个时刻，准备好让自己内心的习性趋力减缓下来，而不再那么容易被料中。我不再按照自己熟悉的方式行事了。一开始真的很难办到。我总是渴望解决问题。创巴仁波切说这是“对轮回所生起的怀旧之情”。我虽然渴望按照旧有的模式行事，不过我对佛法的好奇心还是更高一些，于是我就这么跨进了无人之境。处在这种境界，我的感觉是摇摆不定的。那个境界非常的真实，不再是从经书中读到的空泛理论。我根本不知道下一步会怎么样，只知道发生任何事都比回到惯性反应要好。

每一个动作都很重要。每一个意念、每一种情绪都很重要。这就是我们的道途，我们应用佛法的方式，也是我们为什么要静坐的原因。我们在这个世界的时间非常短暂，即使能活到一百零八岁，生命还是太短暂了，根本来不及目睹其中的奇迹。佛法就是我们的每一个言、行和意念。我们至少应该愿意看见自己偶尔能从轮回之中扭转出来，而且能毫不尴尬地办到这一点吧？我们能不能不再认为自己有问题，而只是做个普通人，一个能够在当下停止一成不变的习惯而放松自己的人？

我的经验是，我们的心念确实会因为放松而减缓下来。奇妙的是，心念一旦减缓下来，你似乎有较大的空间可以呼吸、跳舞，感觉上也比较快乐。

佛法可以治疗我们的创伤，那些很久以来的创伤。这个创伤不是来自原罪，而是来自误解。这份误解因为太古老了，所以我们已经看不到它了。方法就是从当下对自己的慈悲出发，了解自己的处境是可以扭转的。我们总是陷在抓取和僵化的模式中，我们一再引发相同的意念，也一再引发相同的反应。我们就这样投射出我们的世界。但是如果能看清楚这一点，即使这“看清楚”只是三个星期里的一秒钟，我们都会找到方法，而把僵化的过程倒转过来，改变自己心目中的灾难世界，放下陈旧的包袱，跨进新的领域。

如果你想知道如何才能办到上面所说的这一切，答案其实很简单。把佛法应用在个人的日常生活中，全心全意地探索，但同时放松下来就对了。

第二十二章 道途就是目标

解脱如果是可能的，那一定是在当下，不在未来。

当下即是解脱的时刻。

善用自己的生命，使自己更加智慧而不再窘困，这件事需要付出什么代价？在个人的层次上，智慧的源头在哪里？

就我所了解的佛法而言，这些问题的答案似乎是“把我们遭遇的一切事物都带上道”。万事万物很自然都会经历基础、道途和结果。这等于在说凡事都有开始、过程和结束。不过也有人说过，道途既是基础，也是结果。所以有时候我们会看到这样的句子：“道途就是目标。”

此道有一个特质，那就是，它并不是事先规划好的，它原先并不存在。我们所说的道途就是自身的经验、现象世界每分每秒的演化过程、我们自身的意念与情感在每一刹那的演化。

此道不是第六十六号公路，目的地洛杉矶。我们能够拿出地图，圈出今年我们要去墨西哥的盖洛普（Gallup），明年要去洛杉矶。但是此道不能如此规划。此道是标示不出来的，它时时刻刻出现，却又随时消失。这很像坐火车时座位是反方向的，看不见火车往哪里行驶，只看见火车行驶过什么地方。

这样的佛法很令人振奋，因为它告诉我们不管今天发生了什么事，都是智慧的源头。此时此刻不论发生了什么事，都是智慧的源头。

我们随时都处在某种心境中。也许是悲伤，也许是愤怒，也许什么都不是，而只是一种隐隐约约的感觉。或许是幽默，或许是满足，不论什么心境，那心境都是道。

然而生命中一旦有了伤痛，我们通常都认为那绝不是什么道或智慧的源头，反而认为我们之所以上道，就是要去除这份痛苦。（“到了洛杉矶以后就不会有问题了。”）然而就是因为想去除这股情绪，我们才不知不觉侵犯了自己。

事实上，不论是谁，只要曾经善用生活的每一刻、每一天、每一年来增长智慧，增进慈悲心或自在心，大概都是从当下一刻所发生的事而习得的。我们可以当下就发愿对任何人或事慈悲，当下就发愿对自己眼前的一切敞开，放松。现在就是解脱的时刻。解脱如果是可能的，那一定是在当下，不在未来。当下即是解脱的时刻。

当下就是唯一的存在。如何处在当下，决定了我们的未来。换句话说，如果我们未来会活得快乐，那是因为我们现在渴望并且努力活得快乐。我们的所作所为都会累积，未来就是现在所作所为的结果。

如果我们发现自己的生活一团糟，不必为这些情况感到内疚。相反的，我们可以省思一个事实，那就是目前我们如何处理眼前的混乱，会决定此事在未来如何发展。同样都是那么费力，我们可以把自己弄得很悲惨，也可以使自己很坚强。此时此刻我们就在创造明天的心境，更不用说这个下午的心境，下个星期、明年、此后一生的心境了。

有时候我们会碰到一些人，我们看他活得很幸福，却不知道他为什么可以活得这么幸福，而心向往之。这份幸福往往是勇敢地、清醒地活在每一刻的结果，其中包括了不快乐的时刻、黑暗的时刻、乌云遮蔽了阳光的时刻。通过我们自己的善意，我们会愿意坚定而温柔地直接和眼前发生的事物相连，如此就能创造出根本的喜悦和轻松的心境。

我们一旦明白道途即是目标，就会感觉凡事都能行得通。创巴仁波切说过："从我们困惑的心中所生起的一切现象都可视为解脱之道，凡事都能行得通。这是无惧的宣言，如同狮吼一般。"从我们困惑的心中所生起的一切现象，都可以被视为道。凡事都能行得通。

置身于看似不愉快或痛苦的情境，我们时常会想："这难道也算是一种解脱吗？"这时候我们应该提醒一下自己，情况虽然不尽理想，但也不必因此而进入昏睡状态。不理想的状况不一定非得引发惯性反应。我们可以让这件事点出我们真实的处境，我们可以用它来提醒我们。佛法一向鼓励我们用坚定而温柔的态度慈悲地看待每一刻，能够用这种态度生活，我们就会时常——甚至一直——觉得置身十字路口，而不知道前面有什么东西。

这是一种很不安全的生活方式。我们会时常发现自己置身于两难之中——有人在生我的气，我该怎么办？我在生某人的气，我该怎么办？基本上，佛法建议我们不要试图解决烦恼，而是把烦恼当做提问，问自己如何才能利用它们来进一步唤醒自己，而不是把自己哄入无明。我们可以利用某种困境来鼓舞我们向前跃进，迈入暧昧不明的境界中。

这种法门适用于最可怕的情境。萨特（Jean-Paul Sartre）说过，走进毒气室有两种方式，一种是自由的，一种是不自由的。我们每一刻都面临着这种抉择。那么我们到底是要痛苦地看待各种情境，还是要开放地看待各种情境？

就是基于这个道理，所以我们才说不论发生什么事，都可以视为道。凡事都能行得通，不是只有某些事才行得通。这个法门是一项无惧的宣言，宣告你我这般的普通人都可能办得到这一点。

我们活在一个艰难的时代。我们强烈地感觉到以后情况还会更糟。创巴仁波切传授了许多提升社会的教诲。他热情而无惧地传授的教诲，可以帮助我们创造出一个勇敢的时代，在其中，人们将体会到自己的良善，并且能推己及人，兼善天下。我秉持着个人对这些肺腑之言的体悟，将其中的一部分传达给各位。但愿这些教诲能在你们心中扎根，并且欣欣向荣，但愿现在与未来的一切有情众生都能因此而受益。